竹生真菌

代冬琴 著

U0345973

吉林科学技术出版社

图书在版编目（CIP）数据

竹生真菌 / 代冬琴著. -- 长春 : 吉林科学技术出版社, 2022.9
ISBN 978-7-5578-9778-9

Ⅰ. ①竹… Ⅱ. ①代… Ⅲ. ①肉座菌目—食用菌—研究 Ⅳ. ①S646.9

中国版本图书馆CIP数据核字(2022)第179496号

竹生真菌

著　　代冬琴
出 版 人　宛　霞
责任编辑　刘建民
封面设计　道长矣
制　　版　长春美印图文设计有限公司
幅面尺寸　185mm × 260mm　1/16
字　　数　100 千字
页　　数　98
印　　张　6.25
印　　数　1–1500 册
版　　次　2022 年 9 月第 1 版
印　　次　2023 年 3 月第 1 次印刷

出　　版　吉林科学技术出版社
发　　行　吉林科学技术出版社
地　　址　长春市净月区福祉大路 5788 号
邮　　编　130118
发行部电话/传真　0431–81629529　81629530　81629531
　　81629532　81629533　81629534
储运部电话　0431–86059116
编辑部电话　0431–81629518
印　　刷　三河市嵩川印刷有限公司

书　　号　ISBN　978-7-5578-9778-9
定　　价　45.00 元

版权所有　翻印必究　举报电话：0431–81629508

前　言

竹子是禾本科竹亚科，多年生常绿植物。全球竹类植物约有 70 多属 1200 多种，在禾本科植物中种类最多。竹为高大、生长迅速的禾草类植物，茎为木质，主要分布在热带和亚热带地区，少数竹类分布在温带和寒带，其中东亚、东南亚和印度洋、太平洋岛屿上分布最集中，种类也最多。竹子的地上茎木质而中空，它是从竹的地下茎成簇状生出来的。丰富的竹类资源和竹林生态系统，为腐生、寄生和共生等不同生态习性的微生物提供了非常适宜的生长条件，孕育了丰富的微生物种类和资源，迄今已报道或被描述的竹生真菌超过 1100 种。竹生真菌是指一类寄生、腐生或共生在竹子上，包括竹竿、竹叶、竹枝、竹鞭、竹根和花序，甚至竹种子等上的所有真菌。

竹子是我国林业具有重要经济价值的特色树种。2022 年 6 月 26 日，中国林学会首次发布全球有 1642 个竹种。研究竹子的内生真菌对于竹子生长调控、重要生物活性物质的利用、大量植物病害的控制乃至整个竹林生态系统的维护等均有着至关重要的意义。

随着分子生物学技术的不断发展，各种分子技术已被应用到物种的鉴定工作中。真菌种类繁多，依靠形态、生化等表型特征来鉴定真菌，既需要丰富的真菌鉴定工作经验，又需要较长的检验时间，尤其对于那些生长条件特殊、形态相似的菌株，通过传统的表型特征鉴定方法来加以鉴别显得非常困难。而基于 rDNA-ITS 的多态性的序列分析，由于其可以从不太长的核酸序列中获得相对足够的信息来反映生物亲缘关系与分类情况，因而成为真菌分类和鉴定研究的热点，目前已经被广泛应用于推测各种内生真菌之间的系统发育关系以及它们与宿主植物之间的协同进化关系。近年来的研究发现，一些伴生真菌或内生真菌对植物具有促进生长发育、抗逆境、抑制病虫危害等有益影响。同时，许多报道已证明，在不同的植物体内都存在大量的真菌，真菌是挖掘病害、防治生物因子的宝库。植物内生真菌不但种类丰富，而且可以产生许多具有不同结构、不同生物活性的次级代谢产物，包括一些结构新颖的活性化合物、内生真菌活性化合物的研究也成为国内外开发新药的热点。而竹子作为巨大的真菌宝库，应被广泛研究。

随着对竹林微生物深入的研究，科学家不断发现新的物种，深入了解不同的微生物，竹林中越来越多的真菌资源被挖掘。中国是一个竹子大国，有竹子约 39 属 500 种，有关竹类真菌记载已有悠久历史，但科学家真正开始对竹类真菌的研究是在20世纪60年代以后，主要对竹类的病原真菌进行研究。由此可见，对竹生真菌的研究有待进一步推进。

有鉴于此，笔者撰写了本书。本书共分为四章，第一章对真菌生物学进行了综合论述；第二章阐述了真菌与植物真菌；第三章基于多维视角探究了竹生真菌的多样性；第四章诠释了竹生真菌的分离。

笔者在撰写本书的过程中，借鉴了许多专家和学者的研究成果，在此对他们表示衷心感谢。本书研究的课题涉及的内容十分宽泛，尽管笔者在写作过程中力求完美，但仍难免存在疏漏之处，恳请各位专家读者批评指正。

目录

第一章　真菌生物学综述

第一节　真菌学的发展史

真菌的系统研究至今约有 300 年的历史，但是它被人类所认识和利用已经有几千年之久。在漫长的历史中，真菌学的发展经历了几个主要的时期。我国真菌学家余永年教授在他的《真菌学的二百五十年》著名论文中，将真菌学发展史分为四个时期，即前真菌学阶段（公元前 5000—公元 1700 年）、古真菌学阶段（1860 年之前）、近代真菌学阶段（1861—1950 年）和现代真菌学阶段（1951 年至今）。自 1996 年世界上第一个真核生物酿酒酵母的基因组测序完成，以及其后的人类基因组测序计划的完成，生命科学进入了生物信息学时代，使得真菌学科紧随其后步入真菌基因组学时期（1996 年—现在）。

一、古代真菌学时期（1860 年之前）

郭沫若在《中国史稿》一书中认为，在距今 6000—7000 年前的仰韶文化时期，我们的祖先已大量采食蘑菇，我国的酿酒史可能始于 7000—8000 年前的新石器时期。据古籍记载，早在公元前 25 世纪时黄帝曾与岐伯谈论过醴（酒），到了夏代就有仪狄酿酒之说。《尚书》中也有“若作酒醴，尔惟曲蘖”的记载，表明我国古代的劳动人民已经掌握了制酒的基本方法。

2004 年中国科技大学张居正教授和美国宾夕法尼亚大学波特里克・麦戈文教授等人在《美国国家科学院学报》发表论文，对位于河南省舞阳县早期出土的 16 件存放美酒陶器里的沉淀物进行气相色谱、液相色谱、稳定同位素等化学分析后，认为最迟在 8600 年前中国人已经开始饮用由稻米、蜂蜜、水果等酿制而成的发酵饮料，这说明中国是世界上最早学会酿酒的国家。

南宋陈仁玉的《菌谱》（1245 年）记载了浙江等地的 11 种食用菌，如松蕈、竹蕈、鹅膏蕈等，并对这些食用菌的形态和生态等进行了描述和分类，这比西方最早的同类专著早数百年。明代潘之恒的《广菌谱》（1500 年）中描述了 19 种真菌，如木耳、茯苓等。

真菌直接用作药材是我国利用真菌的一大发明，并有着悠久的历史。早在 2550 年前，我们的祖先已会用“神曲”治疗饮食停滞，用豆腐上生长的霉治疗疮痈等。我国最早的药物书《神农本草经》及历代其他本草书中已记载有茯苓、猪苓、灵芝、紫芝、雷丸、马勃、蝉花、虫草、木耳等。这些药用真菌经历了上千年医疗实践的考验，迄今仍被广泛应用。《神农本草经》中，不但记载了十多种药用真菌，还根据形态、颜色、功能等把菌类分为 6 类，分别讨论了它们的药性。此后各代的医药书籍对药用真菌均有记载，并进行了简单的分类。例如，唐代陈藏器的《本草拾遗》、明代李时珍的《本草纲目》以及清代黄宫绣的《本草求真》等。

在这一时期，西方较早用简单的描述语言研究真菌的是英国的 Ray，他在《植物史》一书中将 94 种真菌分为 4 组，分类标准偏重于生态而很少用形态特征。其次是马尼奥尔（Magnol）和图内福尔（Tournefort），马尼奥尔是首先在大型真菌的分类中以形态性状作为分类基础的人；图内福尔在他的《植物学基础》一书中，以属名命名附加特征描述和绘图方法，把真菌分为 6 组。

17 世纪中叶，荷兰人安东尼 · 列文虎克（Anthony van Leeuwenhoek）首先制成了能放大 200 ~ 300 倍的简单显微镜。显微镜的发明促使真菌的研究由大型真菌转入小型真菌，并推动了真菌分类工作和形态结构的研究。

第一个用显微镜研究真菌的学者是意大利的 P.A. 米奇里（Pier Antonio Micheli），他在 1729 年出版的《植物新种属》（*Nova Platarum Genera*）中提出了真菌分类的检索表。他命名的一些真菌属名，如 Mucor、Tuber、Polyporus、Aspergillus 等至今仍被采用。荷兰人佩尔松（Persoon）是这一时期重要的真菌学家之一，他在《真菌纲要》（*Synopsis Methodica Fungarum*）和《欧洲真菌》（*Mycologia Europeae*）等书中所采用的真菌分类系统和方法，成为后来真菌学家工作的基础。与佩尔松同时代的瑞典人伊利阿斯·马格努斯·弗里斯（*Elias Magnus Fries*）对大型真菌的分类作出了贡献，在他以后的 100 多年里，伞菌和多孔菌的分类都是以他的系统为基础。

在这一历史时期中，虽然人类对真菌的存在有了一定的认识，并对其进行了应用和简单的分类，但这也只是依据易于识别的宏观形态来鉴别真菌，建立简单的描述语言。科学的发展促使真菌学的研究由宏观形态的描述进入细胞形态的观察。

二、近代真菌学时期（1861—1950 年）

1859 年达尔文的巨著《物种起源》的发表，开创了生物学研究的新纪元。巴斯德的乳酸发酵和丁酸发酵的经典性研究，彻底粉碎了生物的“自生论”，为真菌学的进一步发展在理论上奠定了基础。因此，在这近一百年里，真菌学的各个领域，如个体发育、生理、遗传和分类学诸方面都得到了充分的发展。

德国人德巴利（De Bary）是第一个把进化论概念引入真菌分类的人。他和他的学生根据精密的观察和实验结果，出版了《黑粉菌》和《地衣》等专著。1866年，他发表了《真菌的形态学和生理学》一书，书中提出的分类系统是按照进化顺序排列的，此书成为后来真菌分类系统的基础。他还对真菌的起源和演化进行了研究，并创立了“单元论”假说。另外，他在禾柄锈菌的多态性和转主寄生现象的研究方面也做出了特殊的贡献。德巴利的真菌学知识甚为渊博，取得了多方面的成就，对真菌学的发展具有划时代的意义，所以被誉为“近代真菌学的奠基人”。

真菌生理学的早期研究是与劳林（Raulin）和威尔德斯（Wilders）二人分不开的。劳林指出微量的Zn元素为黑曲霉生长所必需；威尔德斯指出真菌生长需要多种复杂物质，当时称为“酵母生长素”，如生物素、硫胺素、肌醇等。他们的研究为真菌的营养生理学奠定了坚实基础。

真菌遗传方面的研究，首先是对真菌“性”的发现。布莱克斯利（Blakeslee）首先在毛霉目中发现了异宗配合现象，后来克尼普（Kniep）在黑粉菌中，布勒（Buller）在多种高等担子菌中，道奇（Dodge）在脉孢菌属中都发现了同样的现象。科学家们对真菌的细胞遗传进行了研究，如伴性遗传、致死因子、染色体交换等。在对脉孢菌的遗传性状研究的基础上，科学家们用人工方法进行诱变获得了突变体，尤其是营养缺陷型的获得，推动了遗传与代谢的研究。G.W. 比德尔（1945年）在此基础上提出了“一个基因一种酶”的学说，为整个遗传学的研究开辟了生化遗传学的新领域。

这一时期的真菌分类工作主要是对大量新种的描述和以往资料的收集和整理。其中意大利的真菌学家萨卡度（Saccardo）将全世界已发表的真菌描述进行了收集整理，用拉丁文汇编成25卷巨著《真菌汇刊》。这一早期真菌巨著的问世为真菌分类学家提供了便利，为真菌形态分类学的发展做出了巨大的贡献。

由于生物进化理论的发现和显微镜的发明，这一时期真菌学开始进入了细胞形态的观察阶段，并以形态特征为依据进行了反映自然系谱的分类工作，同时以进化的观点研究生物的遗传性状和生理性状。

三、实验真菌学时期（1951—1995年）

真菌学在近50年内得以迅速发展，与新技术的普遍应用和各门学科的互相渗透是分不开的。首先，电子显微镜的发明以及电镜新技术（如遮蔽、冰冻蚀刻、立体扫描等技术）的应用，为真菌学由细胞水平进入分子水平的研究创造了良好的条件。其次，化学和生物学技术的发展和应用，以及伴随这一技术的放射性同位素的使用，把真菌学的研究推向一个新的高峰。

在这一时期，真菌在生物合成途径、比较酶学、胞壁组分、核酸及碱基比率、核酸的分子杂交和基因结构的表达等方面的研究得到了迅速发展。这些生理生化方面的研究结果导致了真菌系统发育和进化方面的重大突破。根据对赖氨酸生物合成的两条途径的研究、色氨酸生物合成酶的沉降图型、甲壳质（几丁质）或纤维素的胞壁组分，并结合 DNA 的 GC 值的研究结果，提出了新的真菌进化路线，并对丝壶菌纲和卵菌纲的分类地位提出了异议。1988 年，卡瓦里・史密斯（Cavalier Smith）提出的生物八界系统中，把丝壶菌和卵菌划归于藻菌界（在陆家云的《植物病原真菌学》中译为假菌界）。

电子显微镜的应用给生物学研究提供了一个分辨率更高的工具，用以观察真菌的细微结构和亚显微结构并取得了重大进展。如鞭毛的 9+2 结构、脉孢菌细胞壁的四层结构、担子菌复杂的桶孔隔膜、细胞核的精细结构以及孢子纹饰等。1957 年，蓬泰科尔沃（Pontecorvo）指出，在半知菌中存在着异核体和准性生殖现象。

近年来，由于人们长期使用广谱抗生素、免疫抑制剂和激素等，导致了真菌系统病（深部疾病）的不断出现，其中许多是条件致病菌，这已引起世界范围的重视，推动了研究方法的改进，使医学病原真菌的研究取得了很大的进展，改变了以往人们认为真菌只能引起"疥癣之疾"而不受重视的局面。随着医疗卫生事业的发展，药用真菌日益引起人们的重视，在世界范围内已成为探索和发掘新药的重要领域之一，并显示出广阔的前景。在当前的抗癌药物筛选中，真菌显示出巨大的潜力。据报道，目前发现有 40 个属的真菌发酵物具有抗癌活性，这主要是真菌多糖和萜烯类化合物。

1960 年，黄曲霉毒素的发现以及它对动物的毒性和致癌作用，引起了人们对真菌毒素的研究。仅以黄曲霉毒素而言，科学家在 1960 年后的 10 年中就发表了上千篇研究资料。目前已知的 200 多种真菌毒素中，至少有 10 种可对人和实验动物致癌，如黄曲霉毒素、杂色曲霉素、黄变米毒素、镰刀菌烯酮等。

分类的目的是以进化论为理论基础，要求分类系统总结进化的历史，反映生物的系谱。在此思想指导下，近 30 年来分类学呈现百家争鸣的局面，出现了许多新分类系统。其中安斯沃思（Ainsworth）的系统，在我国被广为采用，赞同者较多。但是，近年来由于生物八界系统的出现，对真菌所包括的范围有了较大的改动，1995 年出版的权威性著作《真菌词典》第 8 版（*Dictionary of the Fungi*）中，把真菌界分为壶菌门、接合菌门、子囊菌门和担子菌门四类。

随着真菌学理论研究的不断发展，这一时期一门新兴的应用真菌的现代学科——菌蕈学形成和发展起来，其中心内容包括菌种培育、堆肥制备、段木准备和栽培管理等几个主要组成部分。菌蕈学的兴起使得食用真菌的研究得到飞跃发展，振兴了我国食用菌产业，一举让我国成为世界食用菌生产大国。

真菌遗传学的研究在20世纪70年代得到了飞速发展。这首先得益于脉冲电泳技术的发明和应用，通过电泳核型分析，把对丝状真菌中具有重要应用价值的菌株染色体基因组分离成完整染色体带，从而获得染色体的数目及基因组的大小。这一研究为真菌基因杂交定位及基因作图的研究提供了遗传背景，改变了过去用经典的遗传学方法和细胞学方法对真菌遗传物质基础的研究手段。同时，20世纪70年代发展起来的丝状真菌原生质体融合技术为真菌遗传物质的转移和重组提供了方便有效的方法，使得种间甚至属间杂交成为可能。1979年凯斯(Case)等人在粗糙脉孢菌中建立了第一个丝状真菌的DNA转化系统，从此，丝状真菌的遗传学研究跨入了分子遗传学时代。

综上所述，真菌学研究在这一时期有了较全面的发展。无论是在真菌的细微结构、生理生化、遗传变异、DNA重组、系统发育，还是医学真菌、药用真菌、食用菌、真菌毒素以及分类等诸方面都进入了快速的、全面发展的时期。

四、真菌基因组学时期（1996年—现在）

1996年，在欧洲、美国、加拿大和日本等共96个实验室633位科学家的通力协作下，第一个真核生物酿酒酵母的基因组测序完成，2002年粟酒裂殖酵母基因组测序完成，2003年第一个丝状真菌粗糙脉孢菌基因组测序完成，由此开创了真菌基因组学的新纪元。由于真菌在多领域发展中具有重要价值，因此国际上许多国家纷纷制订了真菌基因组研究计划，对真菌基因资源的开发展开了激烈的竞争。从酿酒酵母基因组测序完成到2016年的20年间，NCBI和其他网站上已公开发布了近千种真菌的基因组序列。

生物学发展到今天，分子系统发育已成为生物学认知过程中的一道综合题目。通过研究生物的系统，重新了解生物之间分子生物学的进化关系、生物物种的概念以及生物的系统分类。研究生物的分子进化关系显然需要应用到大分子的多肽和多核苷酸，因为核酸序列是最基础的遗传信息流，在生物细胞中核苷酸是编码信息的基本单位。自20世纪80年代末，随着核酸提取和核苷酸序列分析技术变得越来越容易，序列进化相对更容易模拟，收集核苷酸序列数据的实验室日益增加，越来越多的DNA序列被添加到可以被广大实验室利用的大型数据库中，使得分子系统发育在基因进化的研究领域，尤其是在为建立物种系统发育而进行的种间研究领域获得长足发展。

在系统发育的研究中，通过基因组和核糖体RNA（rRNA）的序列比较可以确定生物间的进化关系。现在已经通过比较rRNA序列构建出生命三域的包括细菌域、古菌域和真核生物域的系统发育进化树，并在真菌中以 rRNA 序列为主绘出真菌系统发育基本骨架。目前，rRNA 序列可以从 RDP（核糖体数据库工程，Ribosomal Database Project）及其他遗传数据库如 NCBI（National Center for Biotechnology Information）、EMBL（European Molecular Biology Laboratoray）或者 DDBJ（DNA Database of Japan）进行序列检索和比对。然后，用推断进化发育的数学语言就能绘制出一个基本反映序列中固有的进化信息的系统发育树。现在获得 rRNA 序列以及创建系统发育树的方法已经常规化。然而，系统发育树所研究的内容都是已经发生并完成的进化历史，所有的结论都是建立在数学分析和推断的基础之上，并非真正意义的再现。因此，必须建立完整的逻辑评估，减小系统发生推论误差的概率。

采用大分子的遗传序列推测生物系统进化的逻辑思维理论，经过近百年的变迁，直到20 世纪 80 年代引入分子生物学技术后才逐渐成形，形成了一套较完整的研究系统发生的分子信息概念和理论基础。

基因组序列数据的生物信息学注释是功能基因组学的初级步骤。基因组注释引导新基因的发现及其功能的鉴定，还能使真菌中间的许多不同点和相似性清楚地显现出来。目前，数据库中的大多数真菌序列的信息是从已被测序的真菌中积累获得的。

基因组大规模测序后信息的传递和分析将会导致丰富的全基因序列数据库的建立，使生命体的分类信息成为公共信息资源。不久以前似乎还仅仅是一个想法或愿望的事情也将因此很快变成现实，并使人们能对整个基因组进行研究。在不远的将来，科学家就能确定生物的组织结构，监控遗传密码的表达，区别生物学功能、细胞组成和结构组成，定义单个活体细胞甚至生命体全部细胞的表型功能等。真菌基因组的研究，也为深入研究真菌的生物学特性及促进医疗卫生、工业、农业、环境保护及能源开发等多个领域的发展带来不竭的动力。

200 年前那些真菌学者及百科全书的编辑们对真菌知识的理解源于对现存知识的汇集和整合。这与当前真菌全基因序列数据库的建立和信息传递与分析所获得的理论是基本相似的。有所不同的是，基因组学研究不但产生数据，同时还要有许多新的工具去分析它们。随着重要真菌物种基因组测序的完成，以及新基因的发现，系统了解真菌基因组内所有基因的生物功能成为基因组时代的研究重点。这一阶段的主要工作是进行大规模基因分析、蛋白质组分析以及其他各种基因组学研究等。生物信息学将进入功能基因组时代。

许多工具可用于真菌功能基因组学的研究，希望不久的将来利用这些工具可以完成更多丝状真菌的基因组测序工作。这些基因组的注释很有可能揭示许多新的真菌基因，并为真菌生物学提供前所未有的新视野。真菌基因组和新陈代谢的比较研究可用来鉴定真菌特有的必需基因和代谢途径，以及各种特有的基因功能。现有的许多基因替换策略可综合用于某一特定丝状真菌物种或满足有目的分析的需要。

第二节　真菌与人类的关系

一、真菌的工业应用

世界范围内利用真菌进行大规模的工业生产还是近百年的事情。20 世纪 40 年代，抗生素产品的崛起开创了真菌工业应用的新局面，并得到了迅速发展。到目前为止，真菌的应用几乎遍及与人类生活相关的各种行业，如食品、农业、医药、纺织、制革、造纸、洗涤、饲料以及石油发酵和三废处理等。

甘油发酵是真菌工业利用的一个早期案例。众所周知，由于甘油在化学工业，尤其是炸药制造方面的价值，早已引起人们的重视。第一次世界大战期间，德国由于严重缺乏甘油而加紧研究，开创了酵母菌发酵生产甘油的新方法。仅以德国为例，当时用这种方法每月可生产甘油 1000 吨。虽然现在工业上制造甘油多用化学合成法，但是世界各国目前仍采用耐高渗酵母法大规模生产甘油。

在有机酸，尤其是柠檬酸的工业生产中，迄今为止利用发酵法生产时所采用的微生物菌种全都是真菌。其他如乳酸、葡萄糖酸、衣康酸、延胡索酸、苹果酸等都可以由真菌发酵生产。

在酶制剂工业中，据统计，在 550 种酶制剂中有 1/3 是真菌产生的。其中真菌来源的淀粉酶、蛋白酶、脂肪酶、纤维素酶等，早已在工业生产中被应用。真菌淀粉酶，一般都用酶法生产糖浆和葡萄糖以代替沿用已久的酸解法。日本每年大约有 30 万吨葡萄糖是由真菌淀粉葡萄糖苷酶降解淀粉而生产的。真菌的蛋白酶用作消化剂和动物饲料以及蚕丝脱胶和再生电影胶片等方面。蛋白酶用于皮革工业，大大改善了皮革的生产条件，用蛋白酶脱毛使皮革的质量和色泽都得到了改善。纤维素酶广泛应用于食品工业，但它的重要意义在于有可能将纤维素分解为糖类以增加粮食来源。真菌生产的其他酶制剂，如胶酶、葡萄糖氧化酶、凝乳酶、磷酸二酯酶、虫漆酶等都得到了不同程度的应用。固定化酶技术的兴起和发展为酶制剂的工业利用开辟了新的途径，尤其是化工生产中所采用的高温高压工艺，正在逐步地被酶制剂和固定化酶技术所替代。这种学科之间的渗透是目前科学发展的一个必然趋势。

在食品工业中，真菌的发酵产物可以作为东方各民族所特有的调味品。不同的菌类赋予不同的发酵产物以不同的色、香、味，如酱油、腐乳、豆豉、豆瓣、红曲及各种名酒等。许多大型真菌的子实体可以作为人类的美味食品，例如，各种蘑菇、银耳、木耳、猴头、竹荪、虫草等。近年来，我国城乡已大力普及和推广了食用菌的人工栽培。真菌的各种菌体含有丰富的蛋白质，可以作为人类的食品、保健品和动物饲料等。

真菌在其他工业中也有着广阔的前景，如单细胞蛋白的生产、造纸工业的纸浆发酵、纺织工业中的织物退浆、石油工业中的石油脱蜡及微生物三次采油等应用。

真菌常引起食品霉变和工业产品的霉腐变质，是工业生产的大敌。食品、纺织品、皮革制品、木器、纸张、光学仪器、电工器材和照相胶片等，都能被真菌腐蚀霉坏。据统计，世界每年收获的粮食中，由于真菌的霉坏变质而不能食用的占全部产量的2%。我国每年约有10%的柑橘因霉坏而损失；在纤维织品中，仅美国每年损失2亿～5亿美元；英国每年木制品腐烂损失3亿～4亿美元。因此，在研究霉菌工业利用的同时，也要注意霉菌的防腐。

二、真菌与农业生产

真菌与农业生产有着密切的关系，自古以来都直接影响着人类的生活。真菌侵入植物体引起的植物病害，往往会使农作物遭受重大损失，甚至颗粒无收。我国主要的栽培作物如稻、麦、棉、果树和蔬菜等，大都容易受到真菌的侵袭而发生病害。

真菌所引起的病害，在历史上曾给人类带来严重的灾难。例如，1845年欧洲流行马铃薯晚疫病，使5/6的马铃薯被毁（当时马铃薯是欧洲人的主要食物）。其中最严重的是爱尔兰岛，全岛800万居民由于这场马铃薯晚疫病灾害引起的饥馑和疾病而死亡约100万人，164万人逃荒到北美。这场灾难引起了世界广泛的注意，直到16年后的1861年，德国的真菌学家德巴利首先证明了马铃薯晚疫病是由真菌寄生而引起的，这一发现轰动了整个欧洲，并促成了植物病理学的诞生。1943年稻胡麻斑病引起孟加拉邦的饥馑，死亡人数竟超过200万。当然，这两次大灾害的发生都与当时的社会背景相关，但也不能低估了真菌病害的影响。在我国历史上也有饱尝真菌病害之苦的记载，如1950年小麦锈病在我国北方大流行，使小麦减产60亿千克；1952年棉花因真菌病害而减产，损失籽棉达800万千克等。

在生物防治方面，真菌杀虫剂虽不及化学杀虫剂快速，但在环境污染和生态危机被强烈关注的今天，却具有重要的意义。在自然界，昆虫寄生真菌几乎随处可见，已知约有100属900种真菌能寄生于昆虫，其中大多数对昆虫都是致命的，有15属19种在生物防治上有较大效果。最成功的例子是苏联、法国、南非等国用蝗虫霉防治蝗虫；我国用白僵菌防治松毛虫；巴西用绿僵菌防治甘蔗沫蝉；美国用大链壶菌防治稻田的环带库蚊等。此外，在我国用虫霉防治苜蓿斑点蚜和茶小缘叶蝉；用团孢霉属防治马铃薯蚜；用穗霉属消灭柞蚕寄生蝇的蛹等，都起到了不同程度的效果。真菌的次生代谢物具有良好的杀虫作用，早期的研究报道了数十种真菌杀虫剂对鳞翅目、鞘翅目、双翅目等不少昆虫和螨类具有杀虫活性的效果。不少的腐生真菌，例如，青霉属、曲霉属、镰刀菌属等产毒菌株都能对昆虫产生有毒的次生代谢物。

真菌对植物产生的有益作用表现在许多方面。有些真菌与植物的根结合在一起形成菌根，结成共生和互利的复合体。80%以上的植物有菌根，菌根能分解长石、磷石、泥炭、木质素等难以分解的物质作为营养，而使石缝中长出苍松翠柏。有许多植物的种子（如兰科、杜鹃花科）缺乏菌根真菌就很难萌发，即使萌发也生长不正常甚至夭亡（如天麻和蜜环菌）。同时真菌在其生长发育过程中还能分泌生长素，如赤霉素、异生长素（吲哚乙酸）等，这些生长素可以促进植物的生长。总之，许多对农业有益的真菌需要开发和研究，我们不但要善于防治真菌引起的病害，还要善于开发和利用有益的真菌资源。

三、真菌与医疗卫生

真菌药材历史悠久，应用普遍，许多是名贵的中药材，如灵芝、虫草、茯苓、猪苓、雷丸、马勃、红曲、竹黄、神曲、猴头、银耳、木耳、假蜜环菌等约百种。新中国成立后，在党的中西医结合的医疗方针指导下，科学家在发掘祖国医药学方面取得了新成就。如我国科技工作者从猪苓中提取一种抗癌药物——“猪苓多糖”，对许多癌症具有明显疗效。又如“银耳多糖”“灵芝多糖”“安络痛”“香菇多糖”“云芝多糖”“裂褶菌多糖”“灰树花多糖”“姬松茸多糖”“灵芝孢子粉”等都是以人工培养的方法制成新药或保健品行销市场。另外，从真菌中寻找抗癌药物已被世界瞩目，这是一个亟待开发的自然宝库。

真菌用作现代药物始于20世纪40年代。1929年，英国细菌学家弗莱明（Fleming）向科学界公布了青霉素的研究结果，但此发现当时并未被人重视。直到1940年，英国牛津大学的弗洛里（Florey）、亚伯拉罕（Abraham）等人（当时称为牛津集团）重新将青霉素进行提纯并用于临床试验。第一个抗生素——青霉素的问世改变了人类传染病的治疗方式。1956年，牛顿（Newton）和亚伯拉罕发现了真菌的第二个抗生素——头孢霉素，它不仅具有青霉素的主要优点，而且又不易引起过敏反应。虽然真菌能产生许多抗生素，但是目前用于临床的只有少数几种。

环孢菌素A是近年来在器官移植方面应用最成功的一种药物。环孢菌素A被广泛应用于控制异体器官移植手术后的排斥反应，尤其是应用在人体的肾脏、心脏、肝脏、胰脏、骨髓、小肠和皮肤移植等方面。这种有效的免疫抑制性药物的发现使得移植手术得以实现。1976年，瑞士Sandoz公司首次报道了从挪威山的土壤中分离出来的一种真菌——膨大弯颈霉产生环孢菌素 A。此后，各国的科学家又陆续报道了其他 13 种环孢菌素 A 产生菌。1983 年，报道了我国从土壤中筛选到环孢菌素 A 的产生菌茄病镰刀菌，在国内率先研制成功了环孢菌素 A。另外，从土曲霉等真菌中提取的他汀类降胆固醇药物是治疗心血管疾病不可或缺的处方药，是重要的医用真菌代谢物的典型代表，挽救了大量冠心病患者的生命。

甾族化合物的转化是真菌对医药界的又一重要贡献。20 世纪 50 年代甾族药物在医药界曾引起过极大关注，它是一种珍贵的新药。甾族的激素药物对机体起着重要的调节作用，如肾上腺皮质激素和各种性激素等，而且是近年来大量需要的口服避孕药的主要成分。过去这种药物因为需要在高温高压下进行化学合成，生产是极其困难的，现在利用真菌和其他微生物可以在常温常压下完成这些合成过程。

真菌来源的其他化学药物，如麻黄素、麦角碱、核黄素、β－胡萝卜素等也是目前医药界不可或缺的重要药物。

真菌作为病原微生物也能侵入人体及动物体，引起浅表组织（如皮肤、毛发和指甲等）和深部组织（如脑及神经系统、肺及呼吸系统、骨骼、内脏、五官等）的真菌病。早在 19 世纪中叶已有真菌引起人畜病害的报道，由于多属于浅表组织疾患，被认为是癣疥之疾而未受重视。自然界广泛存在着条件致病真菌，随着疾病治疗方式的改变，导致原来致病力弱的真菌致病力相对增强，从而引起真菌感染，有时难以诊断和治疗常导致患者死亡。近些年来，由于真菌引起的疾病越来越严重，从而唤起了人们对这类病原菌的关注，并在病原学、病理学、诊断方法和治疗方式等方面进行了较为深入的研究。

近年来，产毒真菌的数目随着研究的深入不断增加。在 11 世纪欧洲发生的麦角中毒事件是真菌毒素被人类认识的最早记载。其后，19 世纪末俄罗斯远东地区发生的霉变谷物引起的人畜中毒症；“二战”期间苏联发生的镰刀菌感染麦类而引起的家畜中毒症；19 世纪 50 年代，日本的黄变米中毒症和美国佐治亚州家畜食用霉变玉米而引起的急性致死性肝炎；以及 60 年代英国的火鸡黄曲霉毒素中毒症和澳大利亚牧草感染纸样皮氏霉的孢子而引起绵羊大批中毒死亡事件等。这些毒素可以损害人和畜禽的肝脏、肾脏、肠胃和神经，尤其自 1960 年发现黄曲霉毒素可以致癌以来，迄今已发现多种真菌的有毒代谢产物可以致癌。因此，真菌毒素和致癌真菌的研究已成为真菌学领域的重要分支。

综上所述，真菌是一个丰富的自然资源宝库，与人类有着密切的关系，蕴藏着巨大的经济潜能，有待真菌工作者们付出艰苦的劳动，为人类作出贡献。

四、真菌与生物技术

生物技术是当前技术革命的重要内容之一，其含义和所涉及的范围相当广泛。作为生物工程的前沿技术，主要包括基因操作技术、细胞融合技术、细胞培养技术和固定化酶技术等。这些技术反映了与之相应的基础学科的最新成果，同时又是基础学科与工程技术相结合而开拓出来的新领域。

众所周知，基因操作技术是以大肠杆菌为寄主体系开始进行技术开发的，并在此过程中建立了生物工程的基本方法，然而作为原核生物的大肠杆菌对生物功能的充分利用具有一定的局限性，把具有特定信息的基因装配到载体上带进寄主菌时，为了使性状有效地表达，必须要有适宜的寄主和载体进行配合，因此必须开发更多有效的微生物寄主体系。真菌作为真核生物要比原核生物复杂得多，如生活周期长、基因表达受多种因素控制等，但是与高等生物相比较为简单，可以用典型的微生物学方法培养，并且大多数真菌具有较短的生活周期，易于同位素标记。真菌作为真核生物代表的另一个优点，是真菌具有典型的真核细胞结构，包括核膜、核仁、线粒体、内质网、细胞膜和细胞壁等。另外，基因结构和基因的表达与高等的真核生物是相似的。因此，真菌作为真核生物的生物学研究的代表被推向生物技术的前沿。

在真菌中，以酵母、霉菌、脉孢菌、黑粉菌等为表达载体的基因工程系统已经建立。由于酵母属于真核生物，这一体系适宜转导高等生物的基因。基因工程的早期产品，例如，人胰岛素和人干扰素等药物就是以酵母为寄主的基因工程产物。又如，采用基因重组法用酵母制造乙型肝炎抗原，这些在医药工业中取得成功的生物工程实例显示了真菌在生物技术领域的巨大潜力，也表明了传统的医药工业面临着革命性的变革。

随着生物技术的飞速发展，从 1995 年开始，许多细菌和一些模式真核生物的基因组被完全测序，这些数据存储在公共数据库中，使生命科学进入了基因组学时代。尽管真菌基因组测序工作起步晚，但目前已经有许多种重要的工业生产菌种和重要的植物病原菌完成测序。真菌基因组学研究致力于勾画复杂的真菌基因图谱和揭示真菌基因的功能，致力于理清丝状真菌之间的进化关系，致力于破译真菌和其他真核类生物在生物化学和细胞学之间的关系。

分子生物学首先加强了物种遗传分析的广度和深度，这在原来是被认为不可思议的。在以往的遗传学中，基因只有在突变的等位基因存在的情况下才能被发现。现在可以不通过等位基因来找到这些基因。遗传学已经从依靠突变发现基因转化到了依靠测序发现基因的时代。事实上，一种基因组的完全测序意味着：我们可以分离该基因组中的任何基因，由此从遗传学研究步入信息学研究的时代。如今，许多真菌基因组的测序工作是为研究人类疾病进行的，药厂试图通过找到新抗原来制造新药，通过找到新抗原来研发疫苗，从难培养的物种中获得天然产物。另外，许多真菌基因组的测序工作是为研究来自农业和工业方面的目的而进行的，是为了控制植物疾病以及改进生物发酵生产。基因组学方法对于研究那些难以培养或进行实验的生物而言是非常有用的，还有一些具有重要经济价值的生物也需要对其进行序列分析。那些与工业、农业及医学相关具有相对较小基因组的包括酵母、霉菌、锈菌、担子菌、伞菌在内的真菌类群等很快将成为基因工程研究的主流。真菌由于是低等的真核生物，既易于培养获得大量材料，又易于获得突变株，正越来越受到人们的重视。

基因组学不仅能使我们了解生物进化历史，同时也能使我们鉴定出那些对于DNA复制、蛋白质合成、基因调节及早期代谢等基本生命过程至关重要的序列，而这些序列在长期的生物进化过程中几乎保持不变。在人、蠕虫、老鼠、果蝇和真菌中都存在大量相似的基因。这些种群之间高度的序列保守性给“生化统一体”这一概念带来了新的意义。

第三节　我国真菌学的发展概况

我国是世界上认识和利用真菌较早的国家之一。

在古真菌学时期，我们的祖先在生活实践中对真菌的利用积累了丰富的经验和知识，尤其是在酿酒、医药和人工培蕈方面远比西方早。在酿酒方面，我国有着比希腊、罗马更悠久的历史，《礼记》一书中已经描述了制酒的方法和操作的关键；秦朝《吕氏春秋》中记载了“越王之栖于会稽也，有酒投江，民饮其流而战气百倍”；到了北魏时期，《齐民要术》中记载了制曲酿酒的方法；宋代红曲的出现是我们的祖先在制曲、酿造和菌种保藏方面的伟大发明和创造。我国在药用真菌方面，历代的本草书，如汉代的《神农本草经》、梁代陶弘景的《名医别录》、晋代葛洪的《肘后备急方》、唐代陈藏器的《本草拾遗》、宋代唐慎微的《证类本草》、元代吴瑞的《日用本草》、明代李时珍的《本草纲目》、清代黄宫绣的《本草求真》等，均有药用真菌的记载。实际上，真菌直接作为药材是我国真菌学的一大发明。关于蕈菌的栽培历史可以追溯到元代王祯所著《农书》中“农桑通诀”部分，书中详细地介绍了人工栽培蕈菌的方法。据历史记载，人类最早栽培的蕈菌是木耳，第二个蕈菌是香菇，皆起源于中国，距今有1000多年的历史。而西欧国家最早栽培的是双孢蘑菇，约公元1650年起源于法国，我国早于西方国家600多年。但是，由于长期的封建统治和帝国主义的侵略，战火频繁，民不聊生，使得真菌学的发展极为缓慢，远远落后于西方国家。

我国近代真菌学的研究是从西方传道士进入中国开始的。18世纪中叶，他们来我国传教，调查了我国自然资源并采集了大量的植物和真菌标本。19 世纪后期，各国植物学家，如俄国的 Komomw、奥地利的 Handel Mazzefil、瑞典的 Smith 先后来我国采集标本。甲午中日战争后，日本更有大批专业人员来我国调查。

近代我国学者研究真菌是从 20 世纪 20 年代调查植物病害开始的。1916 年，章祖纯调查和鉴定了北京地区所发生的植物病害及其病原真菌 47 种。而首先进行真菌分类工作的是胡先骕先生，他写了江西、浙江两省真菌采集记。戴芳澜、邓叔群、俞大绂、魏景超等做了大量的研究报告，出版了许多总结性和专业性著作。如《中国真菌名录》《水稻病原手册》《中国的真菌》《中国黑粉菌》《中国真菌总汇》《真菌鉴定手册》等，成为我国真菌学研究的早期奠基者。进入 60 年代后，在真菌系统学研究方面，从过去的以“描述科学”（descriptive science）为主的方式进入了“实验真菌学”（experimental mycology）领域，我国真菌学的研究步入全面发展时期。这一时期以中国科学院微生物研究所真菌研究室的群体为代表，其中余永年教授对我国现代真菌学的研究和发展所做的工作值得称赞。在他的《真菌学发展战略研究》一文中，对我国真菌的系统学、生态学、遗传学、医学真菌学以及蕈菌学等主要分支学科的研究现状和发展趋势进行了总结和分析，成为近期内我国真菌学研究和教学事业发展的指导性参考文献。

我国近代真菌学的基础十分薄弱，真菌学前辈们的主要研究工作是植物病原真菌和真菌的工业利用，虽然取得一定的成绩，但远远落后于国际水平。新中国成立后，真菌学的研究得到了长足的发展，培养了一批真菌学的研究人才，建立并形成了中国真菌学专业研究队伍，成立了中国真菌学会（1993 年改为中国菌物学会），组建了中国孢子植物志编辑委员会、真菌地衣系统学开放研究实验室、上海食用菌研究所、福建省三明真菌研究所、广东省微生物研究所等一批研究单位，陆续出版了《真菌学报》（1997 年改为《菌物系统》）《食用菌学报》《菌物研究》《中国食用菌》等刊物，使真菌学的研究进入全方位的发展时期。研究的领域涉及真菌的分类和资源、真菌的形态和超微结构、真菌的生态和区系、真菌的生理和遗传、真菌的分子生物学以及应用真菌学等。2015 年余永年和卯晓岚先生主编的《中国菌物学 100 年》以人物传记的编辑形式，总结了我国近百年来真菌学发展的成就和轨迹，以此激励后来者。

当今世界是信息技术高速发展的时代，尤其计算机技术的广泛应用带动了数学、物理、化学和生物等学科的高度发展，学科之间的交叉已成为必然的发展趋势，由此而产生的新技术为生物学家揭示生命本质的研究提供了良好的机遇。真菌作为真核生物的原始代表，具备了原核生物和高等真核生物间所缺乏的进化性状，因此，真菌的细胞生物学、分子生物学将被推向生物技术的前沿。面对这种挑战，我国的真菌学工作者肩负着双重的任务，一方面要全面开展我国真菌种类和资源的调查研究；另一方面，要有重点地发展真菌学的新技术和新理论，为我国真菌学科的发展、为我国生命科学的发展做出应有的贡献。

正如中国科学院院士魏江春教授在《面向 21 世纪的菌物学》论文中指出的，“由于分子生物学及其技术对生物学各分支领域的渗透，21 世纪的生物学必将在微观与宏观、基因与表型相结合的基础上，从整体生物学（integrative biology）水平开展综合分析。它将在分析中综合，在综合分析的过程中不断向前发展。”这也许是今后相当长的时间内，真菌学科发展的方向。

第二章　真菌与植物真菌

第一节　真菌的细胞结构与功能

真菌的营养体有单细胞酵母和多细胞丝状体两种形式，而单细胞酵母菌和丝状真菌只不过是真菌生长的两种不同形态，这种现象被称为两型生长，这一点对于初学者来说容易混淆。在本章介绍真菌细胞的结构时，主要强调的是真菌细胞的特殊性状兼顾大多数真核细胞所共有的特征。

真菌细胞同其他真核生物的细胞相似。因为真菌大多数是丝状的，两个毗邻细胞间由隔膜分开，而且大多数隔膜中央有隔膜孔，允许细胞质通过。因此，真菌细胞的概念与动物和植物细胞是有区别的。真菌是低等的真核生物，比原核微生物的细胞结构复杂，细胞的各种功能不同程度地定位于由膜包围形成的细胞器，包括细胞核、细胞膜、线粒体、核糖体、液泡、内质网、高尔基体、溶酶体和过氧化物酶体等。

细胞的许多功能都通过细胞器表现出来。真核生物细胞器是经原始的原核细胞间的内共生演化而来，而且这种进化辐射是在系统发育早期同时发生的。因此，科学家认为，真菌是真核生物在进化过程中由原核微生物细胞之间内共生演化而来。一个细胞不是原核就是真核，不会有中间类型，由原核细胞演变为真核细胞要经过一个相当长的进化阶段。

一、细胞壁

细胞壁是真菌细胞最外层的结构单位，它集中了细胞30%左右的干物质，其功能是：①坚固的细胞壁保持了细胞的形状，作为真菌和周围环境的分界面，起着保护细胞的作用；②在真菌感染动植物的过程中，细胞壁直接与寄主接触，它可以作为某些活性分子如酶、抗原、诱导因子或者毒素的过滤筛和储藏库。这些蛋白可以消化基质聚合物，为真菌提供营养，并为更深入的渗透侵染清理道路；③细胞壁是一些酶的保护场所，调节营养物质的吸收和代谢产物的分泌，起到分子筛的作用；④它具有抗原的性质，并以此调解真菌和其他生物间的相互作用；⑤可以介导配子之间或与寄主细胞间的识别，也可以使菌丝结合到培养基质上；⑥细胞壁还含有疏水蛋白，这种蛋白可以赋予细胞表面的疏水特性。

二、细胞膜

细胞膜（cell membrane），又称质膜（plasma membrane）。所有的细胞都由细胞膜包被。真菌的细胞膜不同于其他的生物，其主要固醇是麦角固醇，而动物细胞的固醇是胆固醇。这使真菌对于多烯烃抗生素和麦角固醇生物合成抑制剂更加敏感，该特征对于防治动物和植物的真菌感染以及治疗人类的真菌疾病是非常有用的。细胞膜控制着细胞与外界物质的交换，由于质膜具有选择透过性功能，使得细胞内化学组分不同于外部环境。细胞器和大分子的物质都被严密地包围在膜内，而使细胞维持正常的生命活动。假如没有这种特定的区域形式，那么生命是不可能进化的。

真菌质膜中脂质的成分主要是磷脂和鞘脂质，它们都是由亲水性的头部和一个长的疏水性尾部构成的极性分子。磷脂酰胆碱和磷脂酰乙醇胺是最常见的磷脂，磷脂酰丝氨酸和磷脂酰肌醇微量存在。磷脂中脂肪酸含量与进化关系基本一致，在高等真菌中糖类尾巴倾向于由多个碳构成，可以是饱和的或是单不饱和的脂肪酸。在低等真菌中，主要是奇数脂肪酸，而且大都是多不饱和脂肪酸。鞘脂质由一个脂肪酸、一个极性头部和一个长链鞘氨醇乙醇胺或它的衍生物组成。鞘脂又称神经酰胺，如果极性头部为一个糖类分子，则称作脑苷脂。虽然目前大多数真菌的膜中所出现的鞘脂结构还没弄清，但已从许多真菌的膜中分离出神经酰胺和脑苷脂。糖脂也是质膜中脂质的一种成分，它主要是替代像鞘脂或是含糖磷脂的一种脂质，已有少数报道称糖脂是由一种与脂肪酸相连的糖类所组成。目前还不明确它们是真菌细胞膜的成分还是细胞质的成分。

三、细胞核

细胞核含有真菌细胞的基因组，是细胞遗传信息（DNA）的储存、复制和转录的主要场所。细胞核的存在与否是原核生物与真核生物区别的关键。细胞核对真菌细胞的形态发育、生长繁殖、遗传变异起着决定性作用。

真菌的细胞核比其他真核生物的细胞核小，一般直径为 2 ~ 3um，个别大的核直径可达 25um。细胞核的形状变化很大，通常为椭圆形。不同真菌细胞核的数目变化很大，细胞内可有 20 ~ 30 个核，占细胞总体积的 20% ~ 25%，如须霉属和青霉属；又如，担子菌的单核菌丝和双核菌丝，它们的细胞核只占菌丝细胞总体积的 0.05%；构巢曲霉的顶端细胞中可含有多达 50 个细胞核，而酵母菌一个细胞只有一个核。在许多菌丝的顶端细胞内常常找不到细胞核。许多处于营养生长的丝状真菌，菌丝细胞核是单倍体。一些酵母包括酿酒酵母在内，其生活周期的单倍体核和二倍体阶段都有繁殖能力，实际上它们在自然条件下多数时间是处于二倍体阶段的。

真菌细胞核的结构特征相似于其他真核生物，细胞核被核膜包围，核膜由双层单位膜构成，核膜厚约8 ~ 20nm，在膜的内层和外层有大量的核孔存在，核孔的数目随菌龄而增加。酿酒酵母的细胞核中，核孔直径为 80 ~ 90nm，约有 10 ~ 15 个小孔核膜，占核膜面积的 6% ~ 8%。据推测，这些核孔是核与细胞质物质交换的通道。

四、线粒体、氢化酶体和核糖体

（一）线粒体和线粒体 DNA

在真核细胞中，线粒体是氧化磷酸化的发生部位。线粒体内膜上分布着与电子传递和 ATP 合成有关的酶类，内膜内陷形成嵴，增加了内膜的面积。线粒体是由前线粒体演化而来的，在细胞有性生殖过程中，线粒体的遗传是无性的，通常由略大一点的细胞提供线粒体。哺乳动物的线粒体来自雌配子，但是在酿酒酵母生殖中，并没有雌雄配子的明显分工，而是由双方共同控制的。

1. 线粒体

形态学和生物化学的研究已证实真菌线粒体的功能与动、植物相似。线粒体是一个重要的细胞器，它含有参与呼吸作用、脂肪酸降解和其他反应的酶类。所有真菌细胞中至少有一个或几个线粒体，线粒体的数目随着菌龄的不同而变化。线粒体的形态和外界条件有密切关系，可以是圆形的，也可以是椭圆形的，有的可伸长至 30μm，有时呈分支状。圆形的线粒体普遍存在于菌丝顶端，而椭圆形的则常见于菌丝的成熟部分。

线粒体具有双层膜。外膜光滑并与质膜相似，内膜较厚，常向内延伸成不同数量和形状的嵴，嵴的外形与真菌的类群有关。具有几丁质胞壁的真菌（子囊菌和担子菌）有片层状嵴；具有纤维素胞壁和无壁的真核生物（如卵菌、前毛壶菌和黏菌）有管状嵴。真菌线粒体与高等植物和多种藻类相似。

线粒体的内膜和外膜的化学组分和功能是有区别的，从粗糙脉孢菌线粒体的外膜和内膜的脂质组分析来看，内膜缺少麦角固醇而含有大量心磷脂。内膜和外膜的其他组分也有一定的差别，由于组分的差别使得内、外膜的功能也有差别。

2. 线粒体 DNA

线粒体是含有 DNA 的细胞器，真菌线粒体 DNA（mtDNA）是闭环的，周长为 19 ~ 26 μm，小于植物线粒体的 DNA（30 μm），大于动物线粒体的 DNA（5 ~ 6 μm）。线粒体拥有自己的 DNA、核糖体和蛋白质合成系统。

线粒体的DNA在线粒体的中心形成类核。多头绒泡菌的线粒体的类核密度很大，不但可以在电子显微镜下看到，而且可以通过光学显微镜观察到。一个类核由一个或多个mtDNA分子组成。一个mtDNA分子一般由环状双链DNA分子组成，但是在一些生物中，如姆拉克汉逊酵母（Hansenula mrakii）的mtDNA却是线性的。mtDNA组成线粒体基因组，包含tRNA的基因、线粒体的rRNA基因和氧化磷酸化所需的酶类（也就是说，mtDNA编码tRNA和rRNA以及用于氧化磷酸化的酶）。线粒体DNA和细胞核DNA编码的酶或者酶的亚基在生物体之间有很大的不同，如ATPase亚基在人体中是由核基因编码表达的，在酿酒酵母中是由线粒体基因编码的，而在丝状的粗糙脉孢菌中则是由双方编码的。线粒体基因组的大小在种间具有差异，一些物种的线粒体基因组测序已经完成，如真菌中的粟酒裂殖酵母和构巢曲霉等。裂殖酵母的线粒体基因组比人类线粒体基因大一点，而酿酒酵母的线粒体基因组却大得多，且菌株之间差异很大。酿酒酵母的线粒体DNA得到了详细研究，在总DNA当中mtDNA占16%，内含子占22%，基因间隔占62%。虽然真菌的核基因比线粒体基因大几百倍，但是线粒体DNA可以看作真菌总DNA的重要组成成分之一。因为细胞含有许多线粒体，而每个线粒体可能有多个mtDNA分子。线粒体DNA的含量是变化的，这取决于生长条件。酿酒酵母中mtDNA含量变化从14% ~ 24%不等，而在裂殖酵母中含量变化由6% ~ 12%不等。

总之，线粒体是细胞呼吸产生能量的场所。内膜上有细胞色素、NADH脱氢酶、琥珀酸脱氢酶和ATP磷酸化酶，以及三羧酸循环的酶类、蛋白质合成酶和脂肪酸氧化的酶类；外膜上也有多种酶类，如脂肪酸代谢的酶等。线粒体是酶的载体，是细胞的“动力房”。

（二）氢化酶体

牛、羊等反刍动物能高效地消化植物饲料，这是由于反刍动物瘤胃中的微生物活动造成的。瘤胃是一个高度无氧环境，使得厌氧的瘤胃微生物能够利用这一严格的厌氧环境。瘤胃中含有大量的专性厌氧细菌和原生动物，直到1974年才被发现存在真菌。研究者开始认识到那些曾经被认为是原生动物的生物其实是壶菌纲的游动孢子。因此，研究的注意力从瘤胃中的液体转向残留的植物碎片，在这些碎片上发现了大量的专性厌氧真菌。

目前，科学家将这些厌氧瘤胃真菌组成一个新门：新丽鞭毛菌门已经研究了几种瘤胃真菌的生活史，其中新丽鞭毛菌属的游动孢子多鞭毛，具有8 ~ 17根鞭毛。游动孢子被吸引到植物体上，形成圆形静止体，萌发形成芽管，穿透寄主形成假根并不断分支。当这种真菌生长在39℃的瘤胃温度时，从形成游动孢子，经过圆形静止体阶段，再到孢子囊成熟释放出游动孢子，一般需要30h。

厌氧的瘤胃真菌没有线粒体，取而代之的是产氢细胞器——氢化酶体，氢化酶体在厌氧的原生动物中也存在。在这些生物中，氢化酶体是主要的发酵代谢场所，使这些生物能够通过糖酵解途径利用葡萄糖后的氧化代谢物，产生 H_2、CO_2 和乙酸。它位于游动孢子鞭毛基部附近，产氢代谢产生的 ATP 可提供鞭毛运动和其他细胞活性所需的能量。

氢化酶体主要的生化反应是葡萄糖经糖酵解作用形成丙酮酸，丙酮酸在氢化酶体中被氧化成高能量的乙酰辅酶 A，并释放 CO_2 和 H_2，乙酰辅酶 A 进一步氧化产生乙酸和 ATP。这一过程需要的主要酶类是丙酮酸、铁氧化蛋白、一氧化还原酶和氢化酶。因为氢化酶体没有电子传递链和柠檬酸循环，所以它不像线粒体那样氧化乙酸，而是将乙酸从氢化酶体分泌到寄主的细胞质内。

许多年来氢化酶体的进化起源尚不清楚，但是有证据表明，它们可能由线粒体演化而来，有人将氢化酶体和线粒体两种细胞器进行了比较，提出以下几点：①它们有两层膜包被，氢化酶体和线粒体一样具有内共生起源；②氢化酶体有和线粒体嵴类似的膜内陷；③两种细胞器都具有产能作用，氢化酶体利用质子作为电子的受体产生氢，而线粒体是利用氧来产生水；④它们代谢过程中的一个重要成分是苹果酸酶，该酶的 N 端具有 27 个氨基酸序列，此序列和线粒体的靶信号是同源的，催化苹果酸在线粒体中脱羧生成丙酮酸。

氢化酶体和线粒体不同的是它不含 DNA、蛋白质合成的成分以及线粒体的电子传递系统。一些细胞质酶，如苹果酸脱氢酶的氨基酸序列和线粒体的酶具有同源性，但缺乏线粒体定位信号。这就说明这些真菌的氢化酶体在对长期的厌氧生活习性适应的过程中，重新发生了酶的定位，一些酶被重新定位于细胞膜上，而另一些包括和线粒体能量代谢有关的酶类则在这个适应过程中丢失。

线粒体和氢化酶体是真核细胞的产能细胞器，线粒体与有氧呼吸相关，氢化酶体仅存在于某些专性厌氧真核生物中。

（三）核糖体

核糖体是一切细胞中颗粒状的细胞器，是细胞质中执行蛋白质合成功能的结构。真菌细胞中有两种核糖体，即细胞质核糖体和线粒体核糖体。核糖体是细胞质和线粒体中的微小细胞器，是蛋白质合成的场所。核糖体包含 RNA 和蛋白质，直径为 20 ~ 25nm。细胞质内的核糖体或呈游离状态，或与内质网和核膜相结合。线粒体核糖体仅存在于线粒体内膜的嵴间。此外，单个核糖体可以结合成多聚核糖体。根据沉降系数 S 的不同（衡量离心场中颗粒沉降速度的重量单位），细胞质核糖体由 60S 和 40S 两种主要亚基组成。大亚基（LSU）分为 28S、5.8S、5S rRNA 分子和 39 ~ 40 种蛋白质；小亚基（SSU）仅包括 18S rRNA 分子和 21 ~ 24 种蛋白质。

28S RNA 的相对分子量在各种真菌中是有一定区别的，而 18S RNA 的变化不大相对稳定。真菌 18S rRNA 的一些特征使其成为良好的进化物种。

线粒体的核糖体和细胞质的核糖体的区别在于其体积比较小，含有较小的 RNA 和不同的碱基百分比，线粒体核糖体的功能是合成外膜和嵴上的蛋白质，它对放线菌酮不敏感，对氯霉素敏感。由于放线菌酮是细胞质核糖体的抑制剂，而氯霉素是原核生物核糖体的抑制剂，从而认为线粒体的核糖体与原核生物的核糖体具有相似性，这支持了线粒体是由内共生的原核生物产生的假说。

目前认为在最早的原始生物细胞中，RNA 是最早出现的唯一的生物大分子，即所谓的“RNA 生命”，可能早期的生命体最先使用 RNA 核酸物质负责遗传信息的传递。真菌许多核酸序列的系统发育研究大都集中在核编码的 rRNA 基因上，这在一定程度上归因于它们具有很强的保守性，rRNA 序列基本上不受环境或培养条件的影响，并且含有多个高度的保守区和相对的可变区，而相对可变区的碱基序列的差异在相当程度上反映了物种的亲缘关系和遗传多样性。在 rRNA 基因中，不同区域的进化速率显著不同，在各种分类水平上都具有分辨的能力。rRNA 在许多真菌中都有过研究，这些研究几乎完全以核编码 rRNA 基因的小亚基（SSU rRNA）为基础。在最适合揭示各类生物亲缘关系的 rRNA 基因中，18S rRNA 在真核生物中应用更广泛，被公认是真菌中谱系分析的“分子尺”。对于所有主要的原核和真核生物群体，通过 rRNA 的序列比较可以确定生物间的进化关系。目前在真菌的分子系统发育与进化的研究中，已经用 rRNA 序列构建出一系列生物系统发育树，rRNA 序列显示出作为进化时钟的最具潜力的系统发育信息。伊利诺伊大学的 Carl Woese 于 20 世纪 70 年代最先把 SSU rRNA 作为系统发育工具，首先绘出所有生物进化的三域系统发育树，Woese 因此获得了瑞典皇家学会颁发的克拉夫奖，而克拉夫奖是生物科学成就的最高荣誉。

五、鞭毛运动和细胞质的移动

（一）单细胞真菌的鞭毛结构

鞭毛是真菌的运动器官，鞭毛是由微管构成的。在真菌和其他真核微生物的鞭毛结构中，微管以轴纤维的形式参与了鞭毛的组成。

鞭毛是由 9 根微管二联体（doublet）包围一对镶嵌在中央鞘中的微管而构成的 9+2 结构。这种 9+2 结构由鞭毛外膜包裹，这些微管终止于游动孢子细胞内的基体上，通过基体把鞭毛固定于细胞核上，每条微管二联体由 A、B 两条中空的亚纤维组成。其中 A 亚纤维是完全的微管，由 13 个球形微管蛋白亚基环绕而成。B 亚纤维是由 10 个亚基围成，所缺少的

3 个亚基与 A 亚纤维共用。A 亚纤维上伸出内外两条动力蛋白臂，可水解 ATP 以释放供鞭毛运动的能量，使微管相互间滑动和弯曲而使鞭毛运动。

相邻的微管二联体间有微管连丝蛋白使之相连。每条微管二联体上还有伸向中央微管的放射辐条样结构，其端部呈游离状态。鞭毛着生在细胞的基体结构上，鞭毛的两根中央纤维终止在细胞表面，但 9 根周围的微管二联体则穿过细胞膜形成三个一组的结构与基体的微管相连。鞭毛的外膜同细胞的表面膜是相连的。基体起着鞭毛附着点的作用，同时还涉及鞭毛的合成。

（二）细胞质的移动

在真菌细胞中，细胞质和细胞器的运动方式有三种基本类型。一般来说，细胞质和细胞质内的细胞器一起形成细胞质流，朝菌丝顶端流动，这可能是由于较老菌丝中液泡增大产生的压力而使细胞质向前流动。第一种类型，原生质流动的速率与菌丝顶端生长的速率相一致，大致为 1 ~ 10 μm/min；第二种类型，尽管所有细胞器能跟随细胞质流动，但是细胞核和线粒体能够独立运动，这种运动基本上与细胞质流动的速度相同，但是它能快一些或慢一些。具体核的移动，在菌丝顶端能维持一个特殊的位置；第三种运动类型是快速的，为 1 ~ 10 μm/s，它是一些小脂肪滴、囊泡和小的不同性质的颗粒无规律的运动行为。

尽管细胞质运动的方式是清楚的，但是在真菌细胞中细胞骨架如何控制运动目前尚不清楚。微管能直接介导细胞器的运动，它们能够形成轨道，使较小的细胞器沿着轨道快速和双向移动，大的细胞器的移动可能涉及细胞器与微管系统联合的协同作用。肌动蛋白交叉连接而形成网状结构，肌动蛋白与肌球蛋白结合具有伸展和收缩的功能，肌动蛋白附着在细胞膜和细胞壁上，它的收缩牵引了细胞质的流动。

对真菌菌丝体镜检可以观察到原生质向菌落边缘流动的现象。实验证明，在某些真菌中水分可以通过菌丝运送到很远的距离。可能是由于渗透压造成了水分的流动，碳源的转化引起水的渗透性内流和内部膨压升高，水驱动可溶营养物质及细胞器运动。因此，原生质流可能与细胞骨架组分有关的运输共同作用。细胞质流动快于菌丝顶端的伸长，与细胞骨架成分肌动蛋白的运输是协同进行的。细胞非生长区域通过该区域为顶端生长区域提供菌丝生长的可溶性底物、酶和脂质。

虽然菌丝尖端大量的原生质流是原生质运动的最明显形式，但不是唯一形式。根据目前原生质流动的资料并不能完全解释细胞器的所有运动。例如，观察一种鬼伞 Coprinus congregatus 的单核菌株生殖时的原生质流，能以 4cm/h 的速度迁移到生殖相融菌株，从而形成双核菌丝体，这种流动方式难以解释。大量基于微管抑制剂、微管蛋白和其相关的动力蛋白突变体的试验结果难以理解。但是总的结论明确暗示菌丝顶端顶体的定位、顶端生长和细胞器运动与微管有关。微管抑制剂可引起顶体的分散和真菌线性生长速率的降低，以及导致定向生长和多重分支的丧失。

科学家从突变体和运用细胞骨架蛋白抑制剂实验的观察中，已经获知微纤维和微管的活动在细胞组分运输以及菌丝生长中起着重要作用，但是其中的细节还不清楚。驱动蛋白和动力蛋白可能分别使细胞组分通过细胞微管蛋白运输，然而这些结论在其他一些真菌中还难以解释，但这也同样反映了细胞骨架在菌丝生长中的中心作用。

第二节　植物体寄生真菌

引起植物生病的寄生物很多，包括真菌、细菌、病毒、支原体、藻类、螨类、线虫等，其中真菌引起的病害最为普遍，损失也最严重，而且植物寄生真菌数量多于其他所有寄生体的总和。真菌不仅能引致高等植物病害，藻类、苔藓和蕨类植物也能被真菌寄生而致病。

植物生病以后新陈代谢发生一定的改变。这种生理和生化的改变有时在外部并不立即表现出来，但是新陈代谢的改变必然导致外部形态的改变而使植物表现不正常，这种外部的表现就是它的症状。植物病害的症状可分为多种类型，如变色、坏死、腐烂、萎蔫、畸形等。但是有些病害的明显症状是植物表面的寄生物产生的子实体（如锈病和黑粉病要在产生子实体或孢子时才表现明显症状）或特殊的休眠器官（如麦角病的症状就是在个别小穗中形成菌核）。症状对植物病害的诊断有很大意义，一般而言，根据症状出现与否就可以确定植物是否生病。

引起植物致病的真菌可以如下分类：活体营养寄生菌，又称专性营养寄生菌，只有在和有生命的寄主植物接触时才能生长和繁殖，因而不能在营养基质上被培养，如引起锈病、白粉病和霜霉病的真菌；死体营养寄生菌，又称非专性营养寄生菌，能在死的有机体和活的寄主组织上生长和繁殖，因而能在营养基质中被培养。引起植物致病的真菌又能进一步分为兼性腐生菌或兼性寄生菌。兼性腐生菌的大部分生活周期以寄生的形式完成，但在一定条件下它们生长在死的有机体上。相反，兼性寄生菌的大部分生活周期以腐生的形式完成，但在一定条件下它们攻击并且寄生在活的植物中。

自 1974 年起，由于多种因素使得世界谷物储备达到最低水平。导致粮食紧缺的因素包括发展中国家人口增加、肉类消费量增大而使饲料谷物需求量升高、杀虫剂和农药等价格的上涨、不利的天气条件及大量植物病虫害等作用的积累。减轻世界粮食问题的压力，应该是提高谷物的产量和控制植物疾病的发生。

一、植物感染的起始期——黏附

植物感染疾病的第一步是致病菌和寄主之间的外界接触。寄生真菌可以通过植物体表面的伤口、自然孔口处和直接侵入三种方式进入植物体，对于某种致病菌可能利用一种方法或几种方法结合。当植物遭受破坏时形成伤口，这些伤口往往是由昆虫或动物危害引起的，或者是植物根穿过外皮层时引起。自然孔口如皮孔、气孔为某些真菌提供了侵入的渠道。一般来说，年幼植物比老的植物更易从自然孔口或直接侵入遭受感染，因为老的植物形成附加的角质、木栓、木质素等许多对抗寄生菌的障碍物。一株植物可能由于植物体内的结构障碍使真菌不能侵入而对该寄生菌产生抗性。直接侵入法是大多数真菌侵入植物体的方法，致病菌直接穿透完整的植物表皮，穿透表皮的真菌需要紧紧黏附在细胞壁上，形成一个特征性的膨胀的附着胞，从附着胞上长出一根细长的侵染针，分泌水解酶类，对叶表面的角质层和细胞壁水解而侵入寄主细胞。而黏附是真菌侵入植物表面与植物表面接触的关键。

真菌通过在植物损伤组织周围生长而感染植物，但大多数情况下植物感染是由于真菌孢子黏附在植物表面而引起的。真菌孢子必须能够黏附在植物表面直到渗透进植物组织细胞才能引发感染。因此，真菌感染植物的第一关就是真菌孢子到达植物表面后的黏附作用。

真菌黏附没有特异性，因为孢子可以黏附在许多基质的表面，只是在疏水表面有更好的黏附性。实验证明，孢子能改变植物体表面的特性使得其更易于被孢子黏附，如灰巨座壳、禾生刺盘孢和疣顶单孢锈菌等。

真菌孢子出现黏附性的时间具有不一致性。有些孢子一旦到达植物表面就立即具有黏附性，如布氏禾白粉菌的分生孢子被湿润黏性的物质所包裹，这些黏性物质能使孢子到达植物体表面时立即黏附。有些孢子是到达植物体表面时释放黏性物质，如疫霉属和腐霉属真菌的游动孢子能在到达植物体表面 2min 内释放黏性物质。这些黏性物质储存在游动孢子腹部表面凹槽（鞭毛附着部位）下部小的囊泡内。这些储存黏附物质的囊泡在孢子囊形成的同时也被合成，起初这些黏附物质分散在多核化孢子囊细胞质中，随着孢子囊的形成，在孢子囊细胞质移动过程中，黏附物质被转运到腹部表面。

许多植物病原真菌的分生孢子在叶表面接触和水合作用后 20 ~ 30min 内开始黏附植物叶片表面。例如，灰巨座壳的分生孢子接触植物表面 15 ~ 20min 以后开始黏附，其黏附物质储存在分生孢子顶部的细胞壁和细胞膜的周质空间内，孢子表面可见到大量皱纹，通过水合作用孢子细胞壁顶端开裂，在植物叶片上释放孢子顶端黏液。又如，血红丛赤壳能从月牙形大型分生孢子的顶端释放黏性物质。真菌病原体在产生不同的感染结构时，其黏附特性也有所改变，蚕豆单孢锈菌的夏孢子能通过疏水作用黏附在疏水表面。水合作用以后，通过从孢子内释放黏性物质或者通过孢子与黏附基质之间的疏水作用来增加孢子黏附力度，在这期间从孢子壁或小孔中释放黏附物质，在孢子与基质间形成“黏附垫”。真菌孢子释放的胞外黏附物质能改变植物叶片表面特征，如大麦柄锈菌的夏孢子，胞外的黏附物质具有酯酶和角质酶活性，能改变疏水特性以增加孢子黏附力，侵蚀叶片表面的蜡质显露出的侵蚀区域。

黏附物质产生的时间和速率可能会影响孢子的感染能力。例如，存在于水环境中的一些病原体必须快速释放黏附分子才能阻止孢子被冲离植物表面，在这类情况下，黏附分子可直接以前体形式储存在孢子内。对于感染叶片的病原体，起初较弱的黏附能力足以使得孢子短暂地黏附在叶片表面，孢子在这短暂的时间内合成黏附分子，随后释放。菌丝黏附现象在进化学上是一种进步，使得菌丝顶端能更紧密地黏附植物表面。

二、识别现象

当寄生真菌的孢子成功地黏附在寄主表面后，寄生菌能否侵入寄主体内生存，这要取决于寄主是否产生抗性，产生抗性的前提首先是致病菌和寄主之间如何识别。近年来，许多学者对寄生菌与高等植物建立寄生关系的研究集中在细胞与细胞的识别现象。如何建立寄生关系是当前植物病理学研究中最活跃的课题。已经有许多学者提出了一些理论，如基因对基因学说、细胞识别系统、抗原学说、外源凝集素学说等。

（一）基因对基因学说

在寄主和致病菌的相互关系中，不仅寄主的抵抗性和敏感性是由基因控制的，而且致病菌的致病性和非致病性也是由基因控制的。致病菌能否使寄主发病取决于基因是否特殊，植物对某一致病菌有无抵抗力也取决于一个基因是否特殊，这个基因能特异地对抗或阻止某种致病菌的侵袭。从亚麻锈菌与寄主之间的“基因对基因”机制可以很好地解释这一理论，亚麻锈菌中每个控制致病性的基因，在亚麻中均存在一个相应的控制抵抗的基因。特异寄主对特异致病菌的抗性只有在寄主与寄生菌的互补性均为显性时才会发生。相似的基因对基因机制在其他的一些寄主和致病菌之间也存在，如一些黑粉菌、锈菌、白粉菌及苹果黑星菌等。

一些植物病理学家认为，寄主植物在自然条件下是感病（病原菌侵入寄主体内建立寄生关系并大量繁殖，寄主表现出明显病症）的，只有当抗病基因识别了致病菌后才产生抗病力。致病真菌为了阻止植物的识别就会再产生新的致病基因使植物致病，直到寄主植物产生对抗突变后又能开始再识别。这就是弗洛尔（Flor）提出的致病菌和寄主植物之间基因对基因的学说。

（二）细胞识别系统

一些学者认为，植物也可以和动物一样具有相似的细胞识别系统；认为致病菌表面带有糖蛋白，而相应的寄主植物具有互补的蛋白质可作为识别的受体，如果这个寄主植物具有能识别的受体，抵抗系统被激活就产生抗病性。相反，不具有识别致病菌的受体，抵抗系统未激活，寄主就是感病的。

科学家通过甘蔗长蠕孢的研究，证实了植物细胞膜上确实有蛋白质受体能和致病菌的糖蛋白结合。这种长蠕孢产生的毒素长蠕孢苷是一种小分子的糖苷，它的结构是 2–1– 羟基环丙基 –a–D– 半乳糖吡喃苷。由其他长蠕孢、苹果链格孢和玉米叶点霉等致病菌中分离出不同类型的有机化合物，包括糖苷、萜类和肽。多数学者认为对这一类化合物及其作用方式的深入研究，将加强对抗病机制的进一步理解。

（三）其他识别现象

有一些学者认为，寄主和致病菌的亲和性取决于寄主和寄生菌之间存在共同的抗原。这种共同抗原在许多植物与真菌或者植物与细菌之间已检测出来，如棉花与大丽花轮枝孢之间、尖孢镰刀菌和茄病镰刀菌之间、小麦与禾顶囊壳之间、甘薯与甘薯长喙壳之间。相反，真菌或细菌与非寄主植物之间则无共同抗原。尽管寄生菌常和寄主之间有共同抗原，致病性强的和致病性弱的寄生菌也都有相同的抗原，但迄今尚未证明共同抗原对植物与非寄生菌之间的特异性有关，更不能证明它与致病性有关。

外源凝集素包括多种化合物，它有凝集细胞的共同特性，多种植物、动物、真菌和细菌都有自己的外源凝集素。一些植物的外源凝集素能和真菌、细菌细胞壁的糖化合物相结合，从而有人认为外源凝集素与植物和致病菌的识别有关。

致病菌和植物之间如何识别，如何建立寄生关系是当前植物病理学研究中最活跃的课题。

三、真菌孢子在植物表面的萌发

如前所述，寄主不具有识别致病菌的受体，抵抗系统未激活，寄主就是易感病的，黏附在寄主表面的孢子即可萌发。

（一）真菌孢子在植物表面的萌发

真菌利用孢子传播病原体，孢子黏附在植物叶面后能够在许多不同的条件下萌发生长。真菌在长期的进化中形成一些机制，使孢子在到达植物表面后能够成功地感染植物。孢子休眠时代谢率低，有利于孢子长时间存活在基质表面，直到条件适宜时开始萌发。孢子能够分泌一些物质抑制孢子的活力，使其长期处于休眠状态。同时，叶面上的其他微生物产生的物质也可以抑制孢子的活化和萌发。需要说明的是，有些孢子必须黏附在合适的基质上才能萌发。孢子在萌发时需要水来进行水合作用，有时还需要一些营养物质。

导致大多数种类的孢子萌发主要有三个方面的因素：①孢子发生水合作用，代谢活化，孢子膨胀；②孢子代谢活性增加，呼吸速率提高，核酸和蛋白质开始合成；③在孢子细胞表面形成的突起位点上，孢子萌发。一般来说，孢子在水合作用之后 3 ~ 8h 开始萌发，但疫霉属和腐霉属的孢子在产生 20min 后就开始萌发。许多孢子能在其表面形成的多个位点萌发。环境因子，如光、氧气、营养物或者对基质的黏附等，都能影响孢子的萌发位点。某些孢子的萌发位点能够被预测到：异旋孢腔菌孢子萌发位点在月牙形分生孢子的末端；灰巨座壳孢子萌发位点在梨形分生孢子的顶端或基部；锈菌的夏孢子萌发位点在萌发孔（此处孢子壁较薄）；疫霉属和腐霉属是从游动孢子腹侧沟处萌发；游动孢子在黏附植物表面之前其萌发管就已经预先对准植物体表面。证据显示孢子萌发位点是提前决定的，首先在萌发位点产生大量的泡囊形成囊泡簇，然后在囊泡簇顶端部位孢子开始萌发，这与菌丝顶端生长相似。

（二）植物体表面对真菌菌丝生长的影响

许多真菌侵入植物体是以一种几乎不能控制的方式生长，而有些真菌能够发现并感知来自植物体表面的化学信号或植物体表面的信号而发生反应。丝核菌属或其他一些真菌属的菌丝，其生长沿着植物表皮细胞壁的垂直方向生长。植物叶片渗出液的渗漏程度决定了菌丝这种极性生长速度。许多能够通过气孔侵入植物体的病原体的生长更倾向于朝着气孔生长，造成这种现象的原因即是化学信号的诱导，又是真菌对叶片表面信号的识别和应答。生长中的菌丝能够识别基质表面的凸凹，进而引导菌丝的生长方向，这一过程被称为向触性。这种现象在锈菌中进行了深入的研究。柄锈菌属中的许多真菌，其菌丝生长方向与表皮细胞的排列呈垂直型。真菌菌丝对物理信号而非化学信号的应答是导致向触性应答的原因。这种生长模式能够更有利于真菌接触禾本科植物纵向排列的气孔。

科学家对于菌丝导向性生长的机制还未完全了解。菌丝顶端顶囊的位置与菌丝的导向性有关。但是菌丝是怎样感知植物体表面信号，植物体表面信号又是如何诱导顶囊位置的改变等这些都不太清楚。现在已知菌丝对基质的牢固黏附是强制性的。菌丝顶端 0 ~ 10 μm 长度的菌丝能够感知植物体的表面信号。对疣顶单孢锈菌的研究表明，细胞骨架或类膜整合蛋白在信号的接受和传递中起作用。

物理和化学信号不仅影响菌丝生长的极性，而且对菌丝顶端分化成不同感染结构的能力也有影响。

四、真菌对植物的入侵

植物体表面信号不仅能影响芽管和菌丝的生长，而且诱发入侵植物体感染结构的形成。在一些病原体中，侵染结构为附着胞，从附着胞与植物接触的部位产生纤细的侵染丝穿过细胞壁侵染植物。物理和化学信号都能诱导附着胞的形成，但研究表明几个信号刺激幼殖体将达到更大的应答效果。

基质的疏水性影响附着胞的形成，但其确切作用仍有争议。科学家对灰巨座壳的研究发现，基质表面的疏水性与附着胞的形成有关，在没有其他信号的前提下，疏水表面也能诱导附着胞的形成。然而其他的研究发现附着胞的形成需要在较硬的基质表面，基质的亲水和疏水特性、分生孢子的密度都能诱导附着胞的形成，这些说明黏附和化学信号都是附着胞形成的重要因素。基质表面的坚硬度和疏水程度影响菌丝幼体对基质的黏附。这也说明菌丝对基质的牢固黏附是附着胞形成的重要因素。当灰巨座壳的分生孢子密度较高时，孢子能释放一些自身的抑制因子来抑制附着胞的形成。植物体表面的蜡状物能够减弱自身抑制因子的抑制效果。

柄锈菌属、单胞锈菌属和栅锈菌属中的一些锈菌能在植物叶片气孔处形成附着胞。这些菌的幼体能够识别植物气孔护卫细胞形成的皱褶。它们也能对叶片表面的气孔压力和惰性基质表面产生凹凸反应。这些再次说明，基质表面的形状能够诱导附着胞的形成。

近期研究发现，真菌病原体中存在附着胞的形成和抑制的蛋白质基因。对灰巨座壳（Magnaporthe grisea）的分子遗传学研究发现，诱导附着胞产生的一种细胞表面分子MPG1蛋白。MPG1基因编码一个富含半胱氨酸的蛋白质，这种蛋白质为疏水蛋白家族成员。疏水蛋白在真菌细胞表面的聚集改变了细胞的疏水特性，影响了细胞的识别和黏附特性。MPG1基因的突变株不能在基质表面形成附着胞。

在灰巨座壳中存在着两种细胞膜蛋白，结合在细胞膜表面。Pthllp蛋白介导细胞对基质信号发生应答，形成附着胞。Pthllp的氨基酸序列暗示着它是一种跨膜蛋白。定位研究证明这种蛋白质定位在细胞膜及囊泡膜上。Pthllp的突变体导致附着胞结构不能正常形成，只能形成正常附着胞的10% ~ 15%大小，这说明Pthllp在附着胞的形态发生中不起作用，但在信号识别中起重要作用。

另一种细胞膜蛋白是MagBp，是一种G蛋白三聚体的a亚基。G蛋白在细胞间的信号传递以及信号的集联放大过程中起重要作用。MagBp基因的删除影响了真菌的营养生长、孢子受精作用以及附着胞的形成，同时突变体对植物叶片的感染能力减弱。G蛋白可能通过激活腺苷酸环化酶和蛋白激酶来诱导附着胞的形成。MPGI编码腺苷酸环化酶，也是附着胞形成的必需蛋白质。MPGI基因的敲除也影响真菌的营养生长、孢子受精、萌发以及附着胞的形成。添加外源性的 cAMP 使得 MPGI 突变体能够形成附着胞。其他研究也证明 cAMP 是一种二级信使，在诱导附着胞的形成中起重要作用，因为添加 cAMP 能够在无诱导信号的基质表面诱导真菌形成附着胞。cAMP 浓度的增大能够激活 cAMP 依赖性蛋白质激酶的活性，诱导灰巨座壳附着胞的形成。花萼海绵诱癌素 A 是一种蛋白质磷酸酶抑制剂，能够诱导附着胞的形成和蛋白质的磷酸化，而蛋白激酶抑制剂能抑制附着胞的形成和蛋白质面的气孔压力与惰性基质表面的凸凹反应。

通过对黑色素合成抑制剂和黑色素合成酶基因缺失突变体的研究来确定黑色素的重要性。发现在灰巨座壳这类基因缺失突变体中，因为甘油的浓度以及细胞膨压降低，使得灰巨座壳和葫芦科刺盘孢的致病性降低。

在灰巨座壳中，黑色素完成之后，一层含有与细胞壁成分相似的物质覆盖在气孔表面。灰巨座壳在气孔表面形成直径为0.7 μm的侵染丝，侵染丝生长穿透寄主表皮细胞的细胞壁。侵染丝的细胞质内缺少核糖体等细胞器，但含有肌动蛋白。肌动蛋白丝在侵染丝的延伸和侵染过程中起一定作用，但具体作用未知。

由灰巨座壳附着胞形成的侵染丝所产生的力足以刺入植物表皮细胞壁。实验也发现，真菌穿破水稻叶片表皮细胞的速率较快，这个结果表明真菌在侵染植物叶片时，同时利用物理作用力和酶解共同作用穿破植物叶片表皮细胞。许多研究也证明了真菌细胞壁分解酶在穿破被侵染植物细胞中的作用。

角质层覆盖植物体的表面，其主要成分为角质。病原体侵染植物时，首先破坏植物的角质层。在寄主被侵染时的一种酶是角质酶，角质酶能够分解组成角质聚合物脂肪酸的酯键。关于角质酶在侵染植物表面的重要性的研究结果和推论存在争议。一方面，基因敲除实验没有证明角质酶是必需的；另一方面，角质酶转基因和角质酶抗体实验已经证明了角质层作为侵染屏障的重要性。

在突破角质层之后，侵染丝则穿过受感染的植物细胞壁。穿过之后压力的缺乏以及侵染丝周围细胞壁局部降解的现象，被看作真菌酶活性的证据。分子细胞化学的研究正在收集关于侵染位点植物细胞壁成分局部减少和细胞壁分解酶产生与分泌受到时空限制的证据。果胶、聚半乳糖醛酸、纤维素和木聚糖的减少已证实与小麦根腐病菌和豇豆属单胞锈菌产生的附着胞侵染丝相关。对豇豆单胞锈菌感染时细胞壁降解酶活性的研究，表明果胶甲酯酶和纤维素酶与侵染菌丝和吸器母细胞的分化是一致的。用 GFP- 多聚半乳糖醛酸酶进行酶标定位研究，表明在豆刺盘孢萌发管和附着胞侵染丝中有多聚半乳糖醛酸酶，以及禾谷白粉菌附着胞侵染丝中有纤维二糖水解酶的限制因子。针对类枯草溶菌素蛋白酶和果胶酸酯裂解酶的抗体实验，也表明了盘长孢状刺盘孢（胶孢炭疽菌）致病性的降低。

归纳起来，近年来关于由真菌营养体产生的细胞壁降解酶的这些研究为受感染位点植物细胞壁的局部降解提供了证据。

五、真菌在植物中的定居和感染

（一）吸器和胞内菌丝的形成

植物病原真菌入侵植物的主要目的是获取其生长、发育和繁殖所需的养分。为达到这个目的：一方面真菌采用了多种感染策略，死体营养寄生真菌感染成熟健康的植物，能够克服寄主的防御，在此过程中通过连续杀死寄主细胞来获得营养；另一方面，为了获得它们进一步生长发育所需要的养分，活体营养寄生真菌能与寄主的生活细胞建立亲密稳定的关系。它们穿过植物细胞壁或表皮生长，并形成表皮下菌丝、吸器或胞内结构，这些结构专门用于吸收养分。

如果真菌在植物叶片表面形成了附着胞，那么由附着胞产生的侵染丝可以直接穿过叶片表皮细胞的细胞壁并形成吸器，或者它可以穿过气孔室进入气孔下腔。在后一种情况下，真菌发育为感染菌丝，这种感染菌丝可在叶片细胞间生长，直到接触到一个薄壁细胞。然后感染菌丝的顶端分化形成吸器母细胞，这种细胞可以产生穿透细胞壁生长的侵染丝。

虽然一般认为吸器母细胞依赖于植物细胞壁的酶降解来穿透细胞壁而非机械力量，但关于吸器母细胞分化和穿透细胞壁的调节机制还了解很少。吸器母细胞侵染丝的周围植物细胞的细胞壁的降解已被观测到。附着胞和吸器母细胞的侵染丝刺破植物细胞的细胞壁，但不突破细胞膜。

吸器和胞内菌丝的营养吸收结构和功能的专一化程度不同。霜霉菌和双核锈孢子感染时，从狭窄颈部区域向外长出吸器，其形状接近球状或叶状；而当单核丝状锈孢子感染时，其形状是丝状单链的；白粉菌的吸器由于有多个凸起造成其表面积或体积比较高，这些凸起向外延展包被吸器。活体营养的真菌，如炭疽菌，它在成为腐生菌之前一段时间是活体营养真菌，产生感染小泡和最初的菌丝，组成胞内菌丝。吸器和胞内菌丝的细胞壁、细胞膜与附着胞或吸器母细胞的细胞壁、细胞膜是连续的。在白粉菌中，吸器是附着胞从颈部由隔膜隔开的部分，而在霜霉菌和柄锈菌中附着胞不形成隔膜。

包围吸器的内陷寄主细胞膜被命名为吸器外质膜。通过对多数吸器表面的研究表明，吸器（或胞内菌丝）的细胞壁是通过吸器外基质或分界面与植物细胞膜分隔开的。在白粉菌和双核锈菌感染植物时，真菌的细胞膜和植物的质膜紧紧相贴，这种结构能够密封吸器外基质，使其与植物叶片基质外体分离。霜霉菌颈部形态结构与白粉菌、杆锈菌的颈部形态结构不同，但它们的功能是相同的。

吸器和胞内菌丝具有从受感染植物中吸收养分的功能，这一点已被广泛接受，但直接的证据并不多。最清楚的数据来自监测由豌豆叶片供应的 CO_2 中 C 的吸收实验和白粉菌侵染的植物其光合产物中标记物积累的实验。放射性标记柄锈菌吸器产生的氨基酸的吸收也已经得到论证。在近年来的研究中，关于吸器细胞壁、分界面和真菌细胞质膜以及植物质膜等组分的新信息有利于增强我们对吸器结构和功能的理解。

（二）真菌在寄主内定居

寄生菌一旦侵入寄主后，寄生菌能否生活在寄主体内，首先需要的是能否满足营养供给，这需要存在合适的酶类，包括许多分裂果胶、纤维素、脂质和蛋白质为亚单位的水解酶，如一些侵染植物根而使根腐烂的真菌，偶尔侵入易感植物的叶子后而不能生存，因为它们不能直接利用叶片中的养料。致病菌不能生活在寄主内的主要原因：①寄主原生质体提供了不适宜生存的环境；②寄主发生超过敏反应；③寄主对真菌生长形成机械障碍。

原生质导致细胞与寄生菌生长不和谐的因素是构成植物对寄生菌的主要防线，因情形不同而异。由于植物的抗性而正常产生多种潜在的毒性复合物，这些物质通常包括酚类的复合物、单宁、儿茶酚等。如有色洋葱对葱刺盘孢的抗性，表现在能产生致病菌孢子和菌丝破裂的原儿茶酚酸上。在其他情况下，由于受伤或病原菌侵染寄主会产生有毒代谢物，这些毒性复合物称作植物抗毒素。每种寄主植物都能产生不同特异性的植物抗毒素作为被伤害的产物，植物抗毒素一旦被寄生菌诱导产生，将阻止致病菌的侵入以及以后其他潜在性致病菌的感染。另外的原生质不和谐的因素主要表现在不适宜的 pH、渗透浓度和营养缺乏。所谓的营养缺乏，是指某些致病菌需要一些特殊的生长素，而抗性寄主可能缺乏这些生长素而起到抗性的作用。

超敏性植物是指对寄生菌感染过敏，以至于被侵染细胞很快死亡，同时将寄生菌孤立于少数死亡细胞中使之不能继续生存。虽然少数细胞死亡，但植物体仍保持健康。超敏性植物寄主在死亡细胞中产生了大量的植物抗毒素，当它们扩散到邻近的活细胞时可抑制活着的寄生菌。超敏反应典型地发生在不和谐的致病菌和寄主中，由“基因对基因”机制控制，当第一个吸器穿入植物细胞或几个吸器形成时发生。

机械障碍是指细胞的组成成分发生改变以阻止致病菌对寄主的进一步穿透，许多寄主发生局部的球形加厚，看上去像是壁的一部分，但与壁组成不同，可能是 β-D-（1，3）-葡聚糖（愈创葡聚糖）积累而成，寄主细胞在真菌穿入的部位加厚，将真菌包围在一个套鞘中，该套鞘可作为寄主的一种机械障碍。另外，植物还形成一些其他的障碍，它们包括：①伤口形成木栓层或胶质积累以抵抗感染；②细胞壁出现次生壁使穿入困难；③细胞间中胶层大量形成而强烈地抵抗酶的降解作用。

（三）感染

如果寄生菌能够在寄主内定居，致病菌在寄主内的生存方式和致病机制就成为感染期的主要内容。

1. 致病菌在寄主内的营养方式

根据致病菌在寄主内的营养方式可以分为活体营养寄生菌和死体营养寄生菌。活体营养寄生菌只能在活着的寄主组织中生活，过去称这类寄生真菌为专性寄生菌；死体营养寄生菌是指在侵染初期即杀死寄主细胞，实际上是从死的有机体中吸收养料。

死体营养寄生菌侵染初期通过分泌果胶酶水解细胞间的中胶层及果胶，导致细胞分离而死亡，同时寄主细胞的原生质膜也遭到破坏。由于原生质膜遭到损坏，使原生质的渗透压发生改变，同时原生质内的电解质渗漏而造成细胞的加速死亡，随后真菌依靠死亡的细胞物质营造腐生生活。由黑根霉引起的土豆腐烂病便是一例。豆类幼苗由于在萌发后中胶层产生多聚果胶钙盐而使致病菌产生一种主要的果胶酶——多聚半乳糖醛酸酶不能水解这种钙盐，所以中胶层的钙化作用就是豆类幼苗具有抵抗性的解释。

活体营养寄生菌，直接以活体植物细胞为食，它们必须穿入寄主细胞或者与寄主细胞紧密连接。这类真菌大都以吸器形式吸收营养或者是胞内菌丝。它们主要是对寄主造成病理上的损害，寄主虽然能正常生长，但在营养吸收、水分运输、繁殖等生理过程中受到干扰。

2. 组织解体

寄主细胞和组织的解体主要有两种方式。第一种方式是果胶酶使中胶层分解，或者纤维素酶使细胞壁分解，或者两者同时作用，造成寄主组织的轻度腐烂和水肿而使组织软化，细胞壁的裂解的症状不同于轻度腐烂，它导致组织的削弱；第二种细胞受损的方式是原生质体遭受直接的攻击，尽管目前对某一特定疾病原生质体受损的方式了解得较少，但主要的受损形式可能有：①半渗透性膜解体或改变，导致水分及代谢物丢失；②蛋白水解酶及非蛋白性毒素直接作用于原生质体，干扰或抑制正常的代谢过程。目前已知许多毒素破坏质膜结构，如由维多利长孺孢产生的维多利长孺孢毒素，能使寄主细胞渗漏丢失大量的电解质及其他物质，吸收和积累无机盐及其他物质的能力受到抑制，最后被长孺孢菌感染的燕麦细胞进行不正常的质壁分离而死亡。真菌受益于这些有病的生理活动，因为它能够利用受损细胞的内含物。

第三节 植物内生真菌

一、植物内生真菌的定义

植物内生真菌是指那些在其生活史的所有阶段或者某一阶段存在于健康植物的各类组织和器官里或细胞间隙且不引起宿主明显病症的真菌或细菌以及放线菌。与内生菌相关的研究已有一百多年了，然而由于学术界对于内生菌的定义尚未达成统一的共识，植物内生真菌概念的提出与完善经历了相当长的时间，因此在进行内生菌研究之前，我们应先确定内生菌的概念范畴。

1866 年，德巴利最初提出“植物内生真菌”一词，主要是指植物组织中的微生物，此含义也包括植物的致病菌和菌根菌，以此来区分植物表生菌。1977 年，培根（Bacon）等人觉察到高羊茅内生真菌与牛的中毒症状有一定关联，草本植物内生真菌研究才引起普遍的关注，并加强了对感染内生菌的牧草对草食动物与食叶虫的影响方面的研究。1986 年，卡罗尔（Carroll）教授把内生菌又定义为生活在地上部分、活的植物组织内并不引起明显病害症状的菌类，主要强调了内生菌与植物间存在的互惠互利关系，因此，此概念不包括植物致病菌和菌根菌。特别指禾草中那些属于麦角菌科的不引起症状、种子携带、系统发生的内生真菌，以与严格附生的病原真菌种类相区别。之后，1991 年佩尔蒂尼（Pertini）对上述定义加以补充，将那些在其生活史的某一阶段生活在植物组织中，且对宿主暂时没有病害的微生物统称为内生菌，包括表面腐生菌、潜伏性菌根菌和病原菌。20 世纪 90 年代以后，比尔斯（Bills）和西贝尔（Sieber）相继对内生菌的定义做了进一步的扩充，他们都认为某些类型的菌根菌，如内生菌根、杜鹃菌根菌等，及生活在健康根组织中的非致病非菌根真菌也应属于内生菌。

目前学术界比较常用和被广泛认可的内生真菌概念，是指那些生活史的全部或者部分阶段生活于健康植物的各种组织和器官内部的真菌，侵染的宿主（至少暂时）不表现明显的外在病症，可通过组织学方法或从严格表面消毒的植物组织中分离，以及直接从植物组织中扩增出微生物总 DNA 的方法来证明其内生。这说明植物内生真菌，不仅包括互惠共利的共生微生物，也包括潜伏在宿主体内的病原菌。本书亦采用上述定义，即内生真菌是全部或者部分阶段生活于植物内部的正常菌群，包括腐生、寄生和共生真菌。从上述定义可见，现在植物内生真菌是一个生态学概念，而非分类学单位，植物内生真菌的含义已延伸至植物病理学、植物微生态学、生物防治、植物保护、药物开发等领域。

在 21 世纪，有关植物内生真菌功能活性的研究主要集中于抗菌活性、抗肿瘤以及增强宿主抗逆性等方面，而随着研究领域的不断拓宽和研究方法的不断深入，植物内生真菌在宿主植物生态和生理作用及其作为潜在生防资源和外源基因载体等方面，在农业、生态恢复、医药领域中的应用前景十分广阔。此外，真菌具有易培养、好控制、成本低、繁殖快等优点，容易实现大规模工业化生产，对于天然植物药物的生产与开发以及濒危药用植物的保护具有十分重要的经济及生态意义。

二、植物内生真菌的起源和演化

目前，学术界关于植物内生真菌的起源尚存在争议。总的来说有两种假说，外生说和内生说。持内生说观点的学者以为，线粒体或叶绿体两个细胞器变化为植物的内生菌，与宿主具有相同或相似的遗传物质和同源性。然而外生说学者则持相反观点：植物内生真菌来源于外界，内生菌是由种子、植物体表面或根际的伤口缝隙等侵染到植物内部，与植物共建了一个持久的、相互得利的共生体系，最终成功定植成为植物内生真菌。植物内生真菌是在病原菌与宿主植物长时间的共生过程当中演变而来的，有的病原菌由于遗传物质的改变而失去原有的侵害致病能力，并逐渐演变成内生菌；有的入侵的病原菌与宿主的攻防能力处于平衡，病原菌就逐步演变为寄生性内生菌。

植物内生真菌主要有以下三种传播方式：一是垂直传播。同种植物之间通过种子进行传播。二是水平传播。即外界微生物通过植物细胞纤维素的降解进入宿主植物细胞内的传播途径，该传播途径是最常见的传播方式。三是植物内生真菌可以通过植物根部的裂缝传播到植物内部，植物细胞与内生菌之间互惠互利，合作共生，共同进化，从而提高植物的抗逆能力①。内生菌可以通过植物内部的纤维素提供自身生长的碳源，通过对植物表皮和细胞壁的分解进入细胞内部，也证实了很多内生菌将纤维素作为生长的唯一碳源的观点。此外，还有研究表明，在长期协同进化过程中，植物通过不断进化筛选保留了一些内生菌，这些内生菌具有重要的功能，通过种子传播，使后代获得优良性状，有助于提高植物的存活能力和抗病抗逆水平②。

植物内生真菌分布在目前已知的各种植物中，并且它们的类型、数量和在植物中的分布根据植物类型而变化。内生真菌包括担子菌、卵菌、子囊菌和无孢菌类。大多数药用植物内都存在内生真菌，而且有些内生真菌在宿主科水平上具有专一性。内生菌能够抑制多种病原菌生长，可用于防治植物真菌病害。

三、植物内生真菌的多样性

（一）宿主植物种类多样性

随着多种植物的内生真菌相继被分离出后，科学家研究发现在葡萄、茶树、甘蔗、玉米、

① 黄敬瑜，张楚军，姚瑜龙，等.植物内生菌生物抗菌活性物质研究进展[J].生物工程学报，2017，33（2）：178-186.

② 石晶盈，陈维信，刘爱媛.植物内生菌及其防治植物病害的研究进展[J].生态学报，2006，26（7）：2395-2401.

水稻等禾本科农作物，金银花、铁皮石斛、红豆杉等药用植物中均发现了丰富的内生真菌，包括藻类、苔藓、蕨类植物、蔗类植物以及针叶树、灌木和草本等多种植物类群。因此可以推断，在植物组织内内生真菌是普遍存在的。国内外学者已在80个属的数百种禾本科植物中发现了内生真菌的分布，地球上现存约有30万种植物，植物内生真菌分布十分广泛，且种类繁多，因此植物内生真菌是十分丰富的资源宝库。

（二）内生真菌在宿主体内分布多样性

内生真菌是植物体内主要的外源生物源，遍布于植物的根、茎、叶、花、果、种子等器官与细胞的间隔中，一般集中在叶鞘和种子中，但是叶和根中数量稀少，且种类、数量、分布特性与植物种类有很大关系。另外，植物内生真菌的种群分布与含量也被各种环境因子影响，如天气、地区、海拔、土壤状况等。据已有研究显示，内生真菌的多样性与其分布表现为以下特点。

（1）在宿主共生关系上具有一定的宿主专一性及很强的选择性。不同植物内生真菌的种类和数量上具有很大差异，少则几十种，多则上百种。内生真菌与宿主专一性很强，某些内生真菌只能从一个特定的植物组织中分离得到。如薛庆婉在河南原阳不同瓜类植物中主要内生真菌种群的相对多度和多样性研究时发现存在明显差异，蛇瓜炭疽菌的相对多度为44.7%；丝瓜炭疽菌的相对多度为8%；黄瓜枯萎病的相对多度为32.4%，比其他植物要高得多，只有3%的相对多度的南瓜和镰刀菌是最低的。

（2）内生真菌对不同的植物组织进行选择，即选择性。然而不同种类和不同数量的内生真菌也有分布于同一种植物中的不同组织、不同器官中的情况。如苗文莉研究发现内生真菌多样性在小麦不同的部位当中差异较大，其中根的内生真菌分离率最高，为25.60%，叶部和茎部分别为16.37%、11.92%。黄瑞虎的甘草内内生真菌分离也得到相似的结论，然而刘建玲等从半夏内分离出的内生真菌，结果却相反，从根中分离出内生真菌数量最少，块茎是最多的，这充分说明与器官和组织中内生真菌分布的特异性。

（3）地域条件的差异是影响植物内生真菌菌群结构的重要原因之一。阿莫德（Amold）等系统研究了不同纬度水平上植物内生真菌菌群结构的变化趋势，结果表明：低纬度热带地区植物的内生真菌丰富度要比高纬度地区的植物高，并表现出一定的地域专化性。而随着季节的变化，内生真菌的种群数量出现动态分布的规律，一般气温高的季节，植物可提供的营养物质高，从而有利于内生真菌的生长，同时植物内生真菌种群多样性随着植物的年龄和生长周期会有下列变化规律和趋势：成熟植物组织丰富度高于幼嫩组织；多年生植物高于一年生植物；常绿植物高于落叶植物或一年生植物。

（三）内生真菌种类的多样性

根据大多数学者采用的内生真菌的概念，内生真菌包含了共生关系的内生真菌和一些植物病原真菌。根据内生真菌的来源和系统特征（亲缘进化关系、分类地位、宿主差异以及生态学作用）的不同，内生真菌可以划分为禾草内生真菌和非禾草内生真菌两大类。禾草内生真菌最早发现于19世纪欧洲的毒麦田野黑麦草、疏花黑麦草中。禾草内生真菌寄主范围相对较窄，其系统定殖在草、灌木和莎草等寒带和温度的禾本科植物的细胞间生长，随种子垂直传播，多数与宿主表现出明显的互惠共生关系。

非禾草内生真菌相对禾草内生真菌，其与宿主的关系较灵活，且相互作用的方式受多种环境与生物因素的影响。这类真菌寄主广，主要传播呈水平方式，其大多数属于子囊菌，分离自几乎所有植物的各种器官的细胞内或细胞间。

（四）植物内生真菌代谢产物的多样性

内生真菌几乎无处不在地存在于活植物的各种组织中，是多种生物活性化合物的重要储存宝库。生物信息学、系统发育学和转录组学的方法已经被用于开发研究内生真菌，通过对内生真菌的分离、培养、纯化和表征，这些次生代谢产物具有抗菌、抗真菌、抗氧化、抗肿瘤、抗炎和抗癌活性等特点，目前已经发现了约200种重要化合物，包括抗癌剂、抗生素、抗病毒药物、免疫抑制剂和抗真菌药。许多抗癌化合物，如紫杉醇、喜树碱、长春碱、长春新碱、鬼臼毒素及其衍生物，目前正用于临床治疗各种癌症（如卵巢癌、乳腺癌、前列腺癌、肺癌和白血病）。根据天然产物的结构骨架，奥特加（Ortega）等筛选出202种新型天然产物，这些产物被分类为生物碱（细胞松弛素、吲哚生物碱、异吲哚、吡咯烷酮、吡啶酮、吡啶基、二酮哌嗪衍生物和其他含氮化合物）、多肽、萜类（包括倍半萜类、二萜类、酯萜类和美罗萜类）、聚酮类和类固醇。像麝香属植物内生真菌被发现能够产生挥发性的次级代谢产物，这种代谢产物因具有广谱的生物活性，已被开发为一种真菌熏蒸剂。研究不同种类内生真菌的特殊代谢产物以及表观遗传的变化，还需要开发高通量的筛选方法。

从克什米尔到印度半岛和印度地区分布着一种药用植物为斑籽属，被广泛用于治疗黄疸和哮喘。札格纳斯（Jagannath）等人分离得到共203株29种内生真菌。首先是在植物茎中定植的内生真菌分离率较高，其次是种子、根、叶和花。通过植物化学分析表明，70%的内生菌菌株中含有生物碱和黄酮类化合物，13%的菌株中含有酚类、皂苷和萜类化合物。此外，这些植物内生真菌能够产生显著的胞外酶，如淀粉酶、纤维素酶、磷酸盐、蛋白酶和脂肪酶。通过GC-MS/MS技术对内生真菌分泌的代谢产物进行鉴定，检测出25种生物活性化合物。在内生真菌中，从花中分离得到的木霉可产生9种活性物质，从根中分离到的巴西曲霉和从种子中分离到的尖孢镰刀菌分别产生9种和7种活性物质。近年来，药用植物因其在维护世界各地人民健康方面的作用而受到特别关注，也因药用植物几乎可以忽略不计的副作用而在世界范围内得到普及，药用植物巨大的治疗价值和经济价值因此受到重视，如石斛具有抗癌、抗疲劳、防治胃溃疡等药理作用；曼陀罗富含一种被称为莨菪碱的药物，可以用来治疗哮喘、流感症状和疼痛。但对植物的过度开发，导致药用植物资源大幅度减少甚至很多药用植物灭绝，同时药用植物育种方法也存在一定的局限性，所以亟须寻找更环保高效的方法来获取活性物质。

因此，从多种植物内生真菌中可以发现大量具有生物活性的化合物，这为制药行业开发具有商业价值的新药提供大量的生物资源，植物内生真菌也可用于持续生产具有生物活性的天然产物，这将为可持续发展提供一个潜在的途径。目前，利用基因簇技术和代谢组学方法可以控制真菌的生物合成途径，从而获得预期具有生物学特性的代谢产物。

四、植物内生真菌与宿主的关系

植物内生真菌长期寄生在植物体内，内生菌与植物间通过互相进行物质、能量的交换及基因交流，从而相互适应形成稳定的共生关系，这种相互作用的关系会对宿主植物产生各种各样的影响。一方面，宿主植物能够为内生菌提供其全部或大部分的生命周期中所需的足够的营养物质和适宜的微环境；另一方面，内生真菌能够增强宿主植物抗旱、抗低温、抗病虫害、病原体等逆境胁迫的抗逆性，促进植物加速对氮、磷、钾等无机矿物质的吸收，促进植物次级代谢产物及活性物质的产生，并通过他感作用提高宿主植物种群竞争力。

总的说来，大多数内生真菌对宿主植物是有益的或者没有影响的，但是也有少数内生真菌产生有毒成分使动物不敢采食而得以大量生长蔓延。其主要原因是在宿主植物体内分泌一些有害于宿主生长发育的次生物质，如类毒素、胞外酶，而发挥对宿主的毒性作用。

因此，植物—内生真菌共生体之间的相互作用具有双重性。内生真菌对宿主植物的作用及影响方式不同，主要受内生真菌的种类、宿主植物种类、侵染程度以及寄主植物所生存的外部环境因素等诸多环境生物要素的影响。

（一）直接促进宿主植物生长

根据植物内生真菌与植物的关系将植物内生真菌分为三类：对植物的生长发育具有促进作用的一类有益内生菌、抑制植物生长发育的有害内生菌和与植物共生对植物生长没有影响的中性内生菌。内生菌与宿主之间的关系会随着根系环境、外界环境而发生变化。但是，总的来说，定殖于植物的内生菌对宿主植物的细胞分裂、根系发育、幼苗生长和抗病性等具有促进作用。此外，内生菌还具有两种作用方式促进植物生长发育：间接促进作用主要体现在提高植物对于各种病害和病原菌的抵抗能力；直接作用包括提高植物体内生长

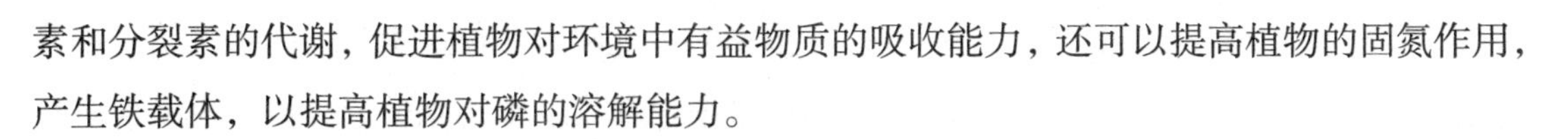
素和分裂素的代谢，促进植物对环境中有益物质的吸收能力，还可以提高植物的固氮作用，产生铁载体，以提高植物对磷的溶解能力。

1. 提高磷、钾元素利用率

因为磷酸盐肥料易于形成磷酸盐，所以施于土壤后难以被植物吸收和使用。同时，施入土壤中的钾元素主要以含钾矿物的铝硅酸盐形式存在，植物很难吸收，严重影响了肥料的利用率。植物内生真菌能提高植物对于营养元素的吸收，极大地提高肥料利用效率。此外，内生菌在重金属胁迫下，还可以通过改变植物根系环境的pH值，释放胞外酸性磷酸酶，溶解磷酸盐，螯合、离子交换、矿化有机磷，提高植物对于施入土壤肥料的吸收和利用，促进植物生长。

2. 固氮作用

植物的固氮作用主要是指固氮生物利用空气中的氮气转化为氨气，供寄主植物吸收利用，为植物生长提供营养物质。固氮微生物的种类主要包括自身具有固氮能力的固氮微生物、通过与植物共生而固氮的微生物和联合固氮微生物。内生固氮菌广泛存在于玉米、小麦、甘蔗等非豆科植物中。内生固氮菌对植物吸收氮素等营养成分有一定的促进作用，还在植株的各个器官组织中广泛定殖并逐步发展成为优势菌。

3. 促进铁离子转化

铁是许多酶的组成部分，是大多数生物生长和发育必不可少的元素，诸如，植物蒸腾和其他一系列酶促反应等生理活动需要铁的参与。铁在自然界中的主要存在形式是三价的氧化物或氢氧化物的固态形式，由于形态稳定，不易电离，故生物利用效率较低，进而影响植物生长发育。微生物可以合成一些低分子量化合物，这些化合物主要被植物用来吸收铁。该低分子量化合物称为铁载体。植物内生细菌能够产生被植物利用的铁载体，该载体能够提高植物对于铁元素的吸收利用效率，通过与土壤中的其他微生物争夺营养物质而抑制有害微生物的生长和繁殖，从而达到生物防治的目的。

4. 分泌植物生长调节激素

植物内生真菌通过调节植物的激素分泌调节植物内部激素水平来促进植物生长，提升植物的抗病抗逆能力。植物在不利的环境条件下生产乙烯，尤其是在重金属胁迫的诱导下，乙烯会严重影响植物生长并抑制植物根系发育。但是部分内生菌即使处于重金属胁迫下仍能产生植物激素，内生菌通过调控氨基环丙烷羧酸脱氨酶来抑制乙烯合成和降低乙烯浓度，降低重金属胁迫环境对于植物生长的影响，促进植物生长发育，促进植物营养物质积累，提高植物根系对营养物质的吸收利用效率。植物内生真菌能够促进植物体内生长素、细胞分裂素及赤霉素等激素的分泌。生长素能够促进植物细胞的生长和伸长，能够显著促进植物生长。细胞分裂素能够促进植物细胞的分裂和生长，特别是促进植物根系细胞的分裂，提高植物对于营养物质的吸收和利用。

5. 抗逆作用

内生菌对宿主植物抗逆特性的促进作用主要体现在非生物胁迫抗性与生物胁迫抗性两方面。非生物胁迫抗性是指由干旱、高温、高寒、盐碱等非生物胁迫因素影响而表现出如抗旱、耐高温、耐盐碱等；生物胁迫的抗性有病原体拮抗、抗病虫害、草食动物的啃食等。李飞和李春杰研究发现，内生菌与植物的协同共生关系大大增强了宿主的抗逆性及自身存活率，然而某些没有感染内生菌的植物，由于缺乏对各种生物或非生物应激耐受性而无法适应复杂恶劣的环境。内生真菌促进宿主植物的抗性及其机理的研究已成为国内外的热点问题，研究者期望通过相关内生真菌的研究，可以选育出具有抗干旱、耐高温、抗盐碱等逆境特性的农作物优良品种，同时为生物防治的更广泛应用提供理论基础。

（1）对非生物胁迫的抗性

内生真菌增强宿主植物对环境胁迫的抗性，比如对干旱、高温、高盐等环境的耐性。目前，内生真菌促进宿主植物抗逆性机理研究主要集中在增强抗旱能力的作用方面。内生真菌增强植物抗旱能力的主要机制是通过提高非结构性碳水化合物浓度、延伸根系、调节气孔开关、增加水分储存等生理、生化适应反应来提高宿主植物对水分的吸收能力。阿诺尔德（Anorld）等研究发现，植物中内生真菌的多样性最高的热带和亚热带地区生存下来的植物通常都具备长期抵抗高温条件的生存竞争能力。与对照组相比，均未感染内生真菌的研究发现，感染微黄青霉的大豆显著提高在高盐碱胁迫条件下光合水分的利用能力，感染黄色镰刀菌后非沿海地生长的植物具有耐盐性，感染炭疽菌属内生真菌的具有耐热性。

（2）对生物胁迫的抗性

内生真菌增强宿主植物除非生物胁迫的抗性外，大量研究表明，内生真菌通过各种机制作用大大增强了宿主对生物逆境的抗性，主要体现在以下几个方面。

第一，内生真菌可以自身合成或者促进宿主植物产生一些有毒有害的物质如类毒素等，其对外源生物如植食性的昆虫、食草性动物等的神经系统和消化吸收系统具有毒害作用，从而导致采食者中毒或其他生理发生变化后最终停止对植物的采食。

第二，内生真菌及其代谢产物中具有大量抗菌活性物质，从而增强宿主植物对病原菌的抵抗能力。内生真菌与宿主植物共生后相互作用能够产生如过氧化物酶、苯丙氨酸氨裂解酶、木质素和水杨酸等各种抗植物病原菌的化学物质来防御致病菌，从而使宿主植物免受病原菌的危害。该原理应用于从植物体内分离筛选出具有抗病原菌的有益内生真菌，从而转接到目标性农作物品种中，发挥生物防治的巨大潜力作用。

（3）内生真菌增强宿主植物抗性的机制

由于植物和内生真菌之间关系的复杂性，在实际研究中，很难建立相似的环境模型，而对活体植物直接进行研究则比较困难，因此关于内生真菌增强宿主植物抗性的机制也多为推断性或间接性的假设。

第一，内生真菌能引起植物组织内的氧化应激反应，通过分泌活性氧、生长素到植物细胞导致植物组织内活性氧的增加，通过参与植物体内的苯丙烷代谢进而产生酚醛树脂，增加宿主的抗氧化系统的活性，使植物适应环境压力。

第二，植物内生真菌分泌儿丁质酶和过氧化物酶等代谢物质，包括次生代谢物（如植保素和病程相关蛋白）的积累，诱导植物产生系统抗性，不仅可以阻止病原微生物的入侵，而且对宿主细胞不产生任何影响。感染了非致病性可能是对某些病原菌的防御反应发挥了诱导的作用；接种非致病性刺盘孢属内生真菌的西瓜和黄瓜苗期可以迅速诱导植物的系统抗性。

第三，内生真菌与病原菌以争夺生态位和营养物质的方式而产生拮抗作用，从而帮助宿主植物抵抗病原微生物的毒害作用。

（二）间接促生作用

内生菌间接促进植物生长的方式有影响植物的光合作用、调节植物体内抗氧化酶的浓度和活性、调整宿主植物的渗透压等。内生菌在与植物互利共生的过程中，会产生非专一性毒害物质，会对破坏宿主植物细胞结构、影响植物生理功能以及对其敏感的非寄主生物造成毒害，从而促进其宿主生长或是获取有利的生长空间和营养物质。

（三）促进宿主植物次生代谢产物的产生

研究发现，有的植物内生真菌能生成与宿主植物相同或相似的次生代谢产物，如从短叶红豆杉中分离得到能合成抗癌物质紫杉醇的紫杉霉属内生菌。随后一些能分泌长春碱、鸢尾碱、紫杉烷类化合物的菌株陆续从长春花、鸢尾、南方红豆杉等植物中分离得到[①]。近年来，已从植物内生真菌中分离出有机酸、生物碱类、萜类、甾体、肽类、酮类和醌类等活性产物。由于内生菌和宿主植物在基因层面的变化产生了信息传导通路，导致其与宿主产生相同或相似的次生代谢产物。

（四）促进植物修复作用

植物修复的概念是指利用植物根吸收、分解、转化、富集周围土壤及地下水中的污染

① 陈龙，梁子宁，朱华．植物内生菌研究进展[J]. 生物技术通报，2015，31（8）：30-34.

物质的功能总称。植物内生真菌与植物的协同作用可以提高植物的修复作用。

例如，未能被植物根周围微生物降解的硝基芳香族、杂酮类及镍、铬、锌等重金属污染物而在植物体内积累，植物内生真菌的存在可以帮助植物降解有毒物质，减少毒性物质对植物的毒害，从而增强植物修复功能。在洛德威克斯（Lodewyckx）等人研究中，通过对比实验发现，感染内生菌的植株根部镍的浓度与未感染的植株比提高了30%，表明感染植株通过内生真菌的协调作用，具有了很强的抗胁迫与修复能力。

（五）他感作用

他感作用（alleloparthy）由莫利希（Molisch）于1937年首次提出，莫利希定义他感作用为植物通过向体外分泌代谢产物，如生物酚类、菇类、羧酸及生物碱类等，并使周围植物产生直接或间接的影响，这一种广泛存在于植物—微生物—植物，特殊的生存竞争方式，使其在真菌、植物、动物、环境生态系统中起着重要的生物学作用。高新磊研究了小花棘豆的他感作用，发现其能够产生他感物质（长链脂肪酸类化合物、类萜和甾类化合物等），从而对周围牧草或农作物的种子萌发及幼苗生长表现出较强的抑制作用。

五、内生真菌提取物生物防治剂（ZNC）对植物生长的促进作用

目前，在我国广泛应用的是从内生真菌中提取的一种生物防治剂ZNC（ZhiNengCong）。它既能促进植物对于营养物质的吸收利用，还能提高植物的抗病抗逆能力。但是该物质促进植物生长的作用机制尚不明确，其浓度对于其作用效果的影响也不明确。因此，在某种程度上影响了该产品的实际应用。路冲冲等以拟南芥作为模型，研究它与ZNC的相互作用，结果表明，ZNC在低浓度下具有超高的促进植物生长的活性；而高浓度ZNC却使植物产生了防御反应，影响了植物生长，包括活性氧的积累、愈伤组织的沉积以及致病相关基因的表达。ZNC介导的防御反应需要水杨酸的生物合成和信号转导通路。此外，转录组分析显示，ZNC增强了氮（N）和磷（P）营养吸收相关基因和生长素生物合成基因的表达。随后的试验也表明，ZNC促进了植物N和P的积累，促进了根尖生长素的生物合成，这可以解释ZNC促进植物生长的活性。这些结果将有助于优化ZNC在作物生物防治中的应用。此外，低浓度的ZNC（1 ~ 10ng/mL）促进植物根伸长和生物量积累，表明ZNC在促进植物生长方面具有与生长素或其类似物相似的功能。ZNC的有效浓度低于1ng/mL，甚至低于生长素或其类似物的浓度。壳聚糖能够促进植物细胞伸长和分裂，但其有效浓度为0.5‰（w/v），远远大于ZNC的浓度。因此，ZNC可能含有新的和超高活性物质，为促进植物生长和抗病性提高，应进一步研究ZNC。

综上所述，ZNC在促进植物生长方面具有超高的活性，并且是诱导抗病性的诱导剂。

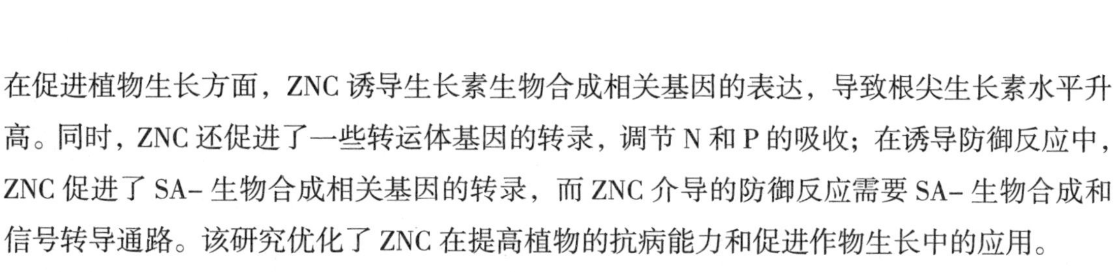

在促进植物生长方面，ZNC 诱导生长素生物合成相关基因的表达，导致根尖生长素水平升高。同时，ZNC 还促进了一些转运体基因的转录，调节 N 和 P 的吸收；在诱导防御反应中，ZNC 促进了 SA- 生物合成相关基因的转录，而 ZNC 介导的防御反应需要 SA- 生物合成和信号转导通路。该研究优化了 ZNC 在提高植物的抗病能力和促进作物生长中的应用。

植物内生真菌在促进植物生长、提高植物抗逆能力方面表现出巨大潜力，具有重要的医药应用潜力，植物内生真菌的研究和开发具有广阔的前景。从特殊的植物内生真菌体内提取的次生代谢产物具有抗菌、促生长、抗病毒、抗氧化等很多功能，提取出的新型化合物解决了自然资源不足、促进了新型药物的开发和研制。同时，植物内生真菌通过生物固氮、调节植物激素等作用促进宿主植物的生长和产量增加、病虫害生物防治、污染土壤的生物修复，有利于减少化肥和化学药剂的使用，有利于促进全球农业可持续发展。然而，相比发达国家，我国在植物内生真菌方面的研究和应用还存在一定的差距，尤其在植物内生真菌的作用机制和应用技术方面还需进一步探讨。

第四节　外生菌根真菌

一、菌根与外生菌根概述

真菌菌丝与高等植物根系之间共生所形成的互惠互利联合体，称为菌根。这是植物在生长期间菌根真菌不断进化的结果，普遍存在于自然界。自德国植物科学家 Frank 首次使用“Mycorrhiza”这一词用来描述树种的菌根，至今为止，菌根研究工作已有 130 多年的历史。

菌根一般根据形态解剖学及寄主类型特征的差异，可以分为外生菌根（Ectomycorrhiza, ECM）、内生菌根（Vesicular-Arbuscular Mycorrhizas, VAM）、内外生菌根(Ectoendomycorrhiza)、浆果鹃类菌根（Arbutoid mycorrhiza)、兰科菌根(Orchidmycorrhiza)、水晶兰类菌根（Monotropoid mycorrhiza）和欧石楠类菌根（Ericoid mycorrhiza）七类。

外生菌根的研究主要集中在资源调查、分类鉴定、生态、生理、分子生物学以及生物技术研究与应用等方面。近 20 年来，中国的外生菌根研究迅速发展，涉及的领域广泛，许多高新技术已经应用于生产实践当中，包括菌根及其真菌资源的调查，形态及分类、分离、扩繁、菌剂生产和接种效应。

外生菌根（ECM）是由菌根真菌菌丝体包围宿主植物尚未木栓化的营养根形成，其菌丝体不穿透植物细胞内部，而仅在细胞间延伸生长。菌根是一种古老的共生体，化石资料和分子进化数据均表明，早在3.5亿～4.5亿年前菌根真菌就与古老的陆生植物形成了共生关系，在漫长的生态系统演化过程中，菌根真菌与植物相互作用、协同进化，并在植物生态系统的演替过程中发挥重要作用。

许多大型真菌和高等植物的根系形成共生关系，我们称为外生菌根。菌根的形成是自然界普遍的生态现象。虽然人们发现这种现象已经有百年历史，但在农林业中应用则是近30年来才迅速发展的。国内外十分重视生产外生菌根的研究。

二、外生菌根真菌的特征

菌根真菌从宿主植物中获得生长所需的营养物质，同时向植物提供诸如水分等无机物质。

外生菌根真菌主要通过其菌丝体包裹侵染宿主植物幼嫩根系，汲取植物中维持其生长发育所需要的营养物质而形成的。其菌丝体不穿透细胞内部，只在细胞壁之间衍生生长。其在形态上主要有以下4个特征。

（1）在植物吸收根表面，存在着大量外生菌根真菌菌丝体，它们密集地交织在一起，形成菌套；

（2）在植物根系的皮层细胞间隙中有一致密的网状结构，由菌根真菌侵入根系所形成的；

（3）外延菌丝在土壤周围发育生成菌丝网和子实体；

（4）菌根常伴随着某些形态上的改变，如变短、变粗、变脆，无根冠、表皮及根毛等，形态各异。

三、外生菌根真菌的种类与形成外生菌根的植物

按照研究结果来看，可以形成外生菌根的真菌有很多种，无法系统地进行归类，目前已报道的外生菌根真菌有8000余种，主要隶属于3个亚门，担子菌亚门（Basidiomycotina）、子囊菌亚门（Ascomycotina）、接合菌（Zygomycotina）亚门，其中担子菌所占的种类最多。在中国，常见的外生菌根真菌主要集中在牛肝菌属（Boletus）、丝膜菌属（Cortinarius）、鹅膏属（Amanita）、红菇属（Russula）、乳菇属（Lactarius）、口蘑属（Tricholoma）及豆马勃属（Pisolithus）中。国外，Miller在20世纪初进行统计，世界上已知可以与树木形成外生菌根的真菌有34科共90属、5000种左右，随着菌根的不断深入研究，这些数据将会逐步完善。

在植物界，植物与外生菌根真菌形成共生关系是普遍存在的，绝大多数外生菌根真菌

可以侵染多种植物达到共生关系，但极少数外生菌根真菌只能和某一科的植物形成菌根。据统计，能与真菌形成菌根的树种包括49科共139属，外生菌根基本都存在于种子植物的乔木中，包含世界植物的10%。另外，还包括极少数的草本植物和亚灌木。这些种子植物涵盖了热带和温带的大部分重要树种，因此，外生菌根真菌存在与否对树木生长和生存有着重要意义。

四、外生菌根真菌的多样性研究

（一）外生菌根真菌的形态学研究

菌根研究最基础的工作就是对外生菌根真菌的分类和鉴定，这也是开展菌根研究的前提条件。最初，是根据外生菌根真菌表型特征进行分类的。传统的野生大型真菌主要根据子实体的外部特征、解剖特征，菌盖、菌肉、菌管的颜色以及变色反应和生长的特性来进行分类。由于外生菌根受寄主根条件、土壤条件和许多其他外部因素的影响，它们的颜色通常会表现出不同的变化。但一般来说，自然界中外生菌根真菌的颜色是多种多样的，不同的菌根真菌通常表现出不同的颜色，菌套的质地也不一样，以颗粒状的、网状的、絮状等多种形式表现出来。另外，真菌菌丝及菌索的结构形态和菌核的存在与否、菌核数的多少，这些都可以作为外生菌根真菌形态学分类的依据。

目前，通过菌根的颜色、大小、形状等外部特征作为外生菌根真菌分类的基本依据、基本方法。对菌根材料进行石蜡切片，然后通过光学显微镜或利用电镜扫描来观察切片的结构，从而根据相关的特征判定出外生菌根真菌的种类，这也是常用的基本方法。比如，2010年，乌仁陶格斯等人以内蒙古油松菌根组织为材料，利用常规切片法和快速石蜡切片法，观察到菌套和哈蒂氏网，从而来对真菌进行分类。钱晓鸣等人在2007年针对武夷山南方铁杉进行了外生菌根真菌资源调查，经过观察统计，得到了123种外生菌根，利用显微与超显微技术，成功鉴定了84种。

我国的学者在全国范围内对外生菌根真菌进行多样性的资源调查，主要调查各种树种林区中外生菌根真菌的种类及分布，并对这些资料进行统计整理，另外还对某些重要树种的外生菌根及真菌的生理化性质进行了深入的研究。目前外生菌根的资源调查主要以某一区域或某一特定树种进行的，这样的话可以充分说明外生菌根真菌与植物的关系以及是否存在研究的经济价值。例如，耿荣等人以秦岭辛家山林区为采集地（该地区拥有云杉和锐齿栎这两种树种），对这一地区进行外生菌根真菌资源的调查，通过鉴定发现与云杉共生的有37种外生菌根真菌，与锐齿栎共生的有52种；张文泉等人选取樟子松这一树种，对其共生菌根进行研究，通过形态学以及解剖学的详细图解，系统地对这19种外生菌根进行描述。

（二）外生菌根真菌的分子生物学鉴定

在某些特定条件下，外生菌根真菌通常可以形成个体较大的子实体，在地面上形成蘑菇（如伞菌类）或球状子实体（如马勃），少数存在于地下。地面上常见的子实体颜色、形状和大小具有较大的差异。只有部分外生菌根真菌会在地面长出子实体，而且不同的外生菌根真菌菌种在不同的生长环境下也有可能形成形态类似的子实体，仅从形态学分类来鉴定很难得出正确的结果，因此形态学鉴定还是存在着不足之处。而随着科技水平的不断提高以及生理、遗传、分子、细胞等各门学科的发展，通过分子生物学方法来鉴定物种越来越普遍，因此采取分子生物学的方法对外生菌根真菌进行鉴定已趋向成为主流方法。此种方法给出了外生菌根的基因组序列和遗传信息，这是传统形态学方法所不能体现的。另外，分室培养法、同位素示踪技术、原位化学定位技术、活体荧光技术、酶联免疫吸附技术（ELISA）、聚丙烯酰胺凝胶电泳（PAGE）和选择酶染色技术、单克隆抗体技术（MABAS）等新技术与方法的不断开发与创新，对外生菌根的鉴定和对植物生理化等各项指标的测定具有重要意义。分子生物学的兴起，极大推动了外生菌根真菌多样性的研究进展，使得人们更加全面地了解森林中外生菌根真菌结构以及特征。例如，樊永军等人以内蒙古为采样地，利用形态解剖学和分子生物学手段作为研究方法，详细调查了与白桦共生的外生菌根真菌，发现与白桦共生的外生菌根真菌共 13 种、担子菌 7 种、子囊菌 4 种，分属于丝膜菌属、丝盖伞属、蜡壳耳属、毛革菌属、滑菇属和空团菌属、块菌属、地杆菌属。张智旒等人运用 ITS 序列分析的技术，选取内蒙古地区生长的子实体和纯培养的菌丝体，通过鉴定分析，从而判定其是否为蒙古口蘑。据相关的研究报道，以传统形态学为基础，并且结合分子生物学鉴定，这是研究外生菌根真菌资源的一种方便、准确的技术手段。

五、外生菌根真菌对树木生长以及周围生态环境的影响

（一）外生菌根真菌促进植物生长的作用

外生菌根真菌通过菌套、哈蒂氏网、外延菌丝等将不同或相同的树种联系在一起，以此形成的菌根结构，扩大了根系的吸收面积和吸收范围，因此有人提出共生的菌根结构才是植物真正的吸收器官。菌根的存在明显提高了宿主植物对土壤中营养元素的吸收和利用。菌根结构中的外延菌丝代替根毛，扩大了对土壤的利用面积，从而吸收更多的养分，来改善植物的营养。当外生菌根真菌与植物根系形成菌根结构后，会刺激其产生一些激素，如吲哚乙酸、赤霉素、生长素等，这些激素对植物根系的生长产生一定影响（增加侧根数和根毛长度），最终影响植物生长发育。卢丽君等进行了油松外生菌根真菌接

种试验，结果显示，不仅都构成了菌根结构，而且油松苗的各项生长、生理指标均明显高于对照植株。张小龙等人以白皮松幼苗为试验对象，选取 7 种不同的外生菌根真菌接于幼苗根系，结果显示，接种苗的 N、P、K、Mg 以及叶绿素含量比对照高，白皮松苗高、侧根数及各项指标均得到提高。

（二）外生菌根真菌提高植物抗盐性

在盐胁迫条件下，植物细胞内外离子浓度不平衡，导致植物对离子的吸收发生变化，造成植物的新陈代谢缓慢，抑制生长。菌根真菌能够分泌出各种酶和有机酸，这类物质能够改善土壤结构，将原来土壤中不可用的有机物质变为可以循环利用的养分，这对防止土地退化有着重要意义。例如，菌根分泌出的磷酸酶可以分解矿化物质，从而加强植物利用磷的效率。有研究表明，在盐渍土壤中生存的油松营养缺失，生长不平衡，但接种外生菌根真菌之后，情况明显得到改善。在外生菌根真菌存在下，植物细胞质膜的稳定性会得到大大提升，从而加强植物的耐盐性。如张峰峰等人以油松苗木为试验对象，发现外生菌根真菌乳牛肝菌、褐环乳牛肝菌和褐黄牛肝菌在盐胁迫条件下可以轻易形成菌根结构，进而促进油松的生长，苗木中生物量的变化使得植物的抗盐性增强。

总之，菌根真菌通过加强寄主植物对矿质营养的吸收，提高植物的抗盐性。

（三）外生菌根真菌提高植物耐重金属性

植物根系中金属形态的变化和菌根植物有关，在现代工业中，重金属污染较为严重，使得植物无法生存，利用外生菌根真菌对重金属污染、极度酸碱化土壤进行修复，这对污染地树种的存活具有重要意义。外生菌根能够富集重金属离子，使宿主植物在重金属污染的条件下正常生存。接种外生菌根真菌可以显著降低根际重金属的生物有效性。外生菌根能显著缓解植物对重金属的毒性。黄艺等人的油松幼苗接种菌根试验表明，在接种菌根的根系中，重金属明显失去了生物活性，寄主植物才避免受到重金属毒害。另外，温祝桂等研究表明，接种外生菌根真菌彩色豆马勃可以减少土壤中生物有效性的重金属铜含量，降低铜对附近植株的毒害作用，有利于其他植物的生存。

（四）外生菌根真菌提高植物的抗旱性

在干旱条件下，植物根系得不到充足的水分，生长缓慢，外生菌根真菌吸附在植物根系中所能得到的营养就会受到抑制。另外，菌根真菌自身生长发育离不开水分，外生菌根真菌处于双重压力之下。国内外研究表明，菌根化苗木的特定结构使根的吸收面积变大，此外，植物根系中土壤表面有着大量的外延菌丝，降低了植物与土壤之间的流动阻力。程玉娥等以杨树作为研究对象，探索了在干旱环境下，外生菌根真菌对杨树某些生理指标的影响，结果显示，接种外生菌根真菌后，促进杨树的株高和地径的生长，另外杨树叶片的含水量变低，一些相关酶含量变高。菌根化对植物内部组织结构变化有着一定的作用。吕全等研究报道，板栗苗木在接种外生菌根真菌形成菌根苗后，增强了植物对外界有机物质的吸收，叶片外在结构发生改变，这些外在结构上的改变对植物生理具有一定影响，提高了植物的储水量；苗木叶片的气孔也发生了变化，从而影响了苗木的蒸腾作用，减少了水分的挥发，也加强了苗木对水分的利用率。

（五）外生菌根真菌提高植物的抗病性

许多外生菌根真菌具有一定的抗病性机制，当植物病原体侵入时，这个机制就会被激活，促使外生菌根真菌产生某些次生代谢物来抵制这些病原体，受到拮抗作用的病原菌表现出生长缓慢、繁殖受到抑制以致死亡的现象。菌根能够产生酶等生素类物质，以防止宿主植物被病原体感染。另外，菌根形成的特殊结构，如根系周围形成致密的网状菌套以及根皮层细胞间隙的哈蒂氏网等能机械地阻挡病原体进入植物体内。有研究表明，外生菌根真菌与病原菌对峙培养后显微观察表面，菌根真菌菌丝发生变化，菌丝体直接或间接地侵染病原体体内进行生活。通过对病原体的重寄生作用，破坏病原菌的外在结构和正常生理机能，在病害防治方面有着重要的意义。

弓明钦等进行了外生菌根对桉树青枯病的防治效应研究，发现接种外生菌根真菌后的桉树青枯病的发病率比对照的少了 40% ~ 72.78%。外生菌根真菌能产生与抗病相关的酶，过氧化物酶就是增强植物抗病性的一种，它可以使细胞壁的结构得到增强，阻止病原菌的进入；多酚氧化酶是抵抗病原菌的主要次生代谢产物之一。李莎等通过接种外生菌根真菌到油松上，测定发现土壤酶活性、土壤有机物含量均有显著的增加，降低了猝倒病的发生率。陈辉等人探索了菌根真菌对植物溃疡病的影响，结果显示，在形成菌根植物中，过氧化物酶、多酚氧化酶、苯丙氨酸氨解酶的活性均得到了提高，溃疡病的发病率也大大降低了。

（六）外生菌根真菌在生态系统中起着重要作用

外生菌根真菌作为生态系统的重要参与者，在维护生态平衡方面发挥着不可替代的作用。菌根结构是由两种及两种以上的生物共同作用参与的整体，这些参与者来自多个物种，它们之间通过菌丝网络将不同的植物之间变得有联系。这些菌根菌丝就像是巨大的枢纽中心，沟通着植物之间的信号传递、能量流动，最终使周围的空间资源等得到合理分配，保证植物生长。依据前人的研究成果，总结出外生菌根真菌在生态系统中的作用如下。

（1）外生菌根真菌资源丰富，有着不可替代的生物量。

（2）外生菌根真菌能加强植物对 CO_2 的吸收，有助于提高植物生物量的累积。

（3）菌丝网络连接生态系统里的植被，达到各种资源的充分利用。

（4）分泌次生代谢物作用于周围，为植物创造一个适宜生存、生长的环境。

（5）外生菌根真菌与群落演替息息相关。

（6）外生菌根真菌在土壤渗透性以及水土保持等方面都有着积极作用。微生物与菌根真菌关系、微生物区系、地下菌根网络系统对地面上各个生态系统中种群的多样性及稳定性等有重要意义。张扬等将美味牛肝菌、黄色须腹菌及其混合菌剂拌入湿地松苗根系，研究结果发现湿地松根系土壤中，细菌、放线菌数量远远高于接种前。此外，真菌数量却与之成反比。

第三章　多维视角下竹生真菌多样性探究

第一节　竹生真菌的范畴与多样性

一、竹林真菌的范畴

竹林真菌是指所有与竹子有关的真菌，包括竹生真菌（如竹黄、竹荪等）以及和竹子紧密相关的非竹生真菌（如竹林下土壤真菌、竹黄相关真菌等）。竹生真菌（bambusicolous fungi）是指一类寄生、腐生或共生在竹子上，包括竹竿、竹叶、竹枝、竹鞭、竹根和花序，甚至竹子上的所有真菌。Bambusicolous fungi，即 Fungorum bambusicolorum 一词最早由 Hin 于 1938 年提出，但是他没有给出具体定义；此处的定义总结自周德群等在贵州科学上发表的《中国竹类真菌资源和多样性》（英文）一文和 Hyde 等发表于 Fungal Diversity 上的《竹属真菌：综述》（*Bambusicolous fungi：A review*）一文。他们总结了前人的研究结果，表明大多数竹生真菌，首先是子囊菌，其次为担子菌和半知菌；一些寄生型的竹生真菌具有寄主或器官专化性；有些竹类是竹生真菌的高发性寄主；而有些种类的竹子寄生菌则相对较少，并且 Hyde 等对竹生真菌的研究历史、多样性、生活史、地理分布及特点等分别做了详细的阐述。另一部分非竹生真菌泛指跟竹子密切相关但没有生长在竹子上，它们的生长繁殖可能和竹子有关系，也可能没有受到影响，总之它们是和竹子处于同一个生境中，比如，竹林土壤真菌、竹制品上的真菌或者寄生或腐生在竹生真菌上的其他真菌，比如本研究中涉及的竹黄相关真菌等。

我国地域广阔，气候多变，竹资源的分布从热带、亚热带至温带，构成了丰富多样的竹林生态系统，为腐生、寄生和共生等不同生态习性的微生物提供了非常适宜的滋生条件，孕育着极其丰富的微生物种类和资源。

二、竹林真菌的种类和多样性

从分类学角度来考虑，竹林真菌囊括了真菌界几乎所有种类，包括子囊菌、担子菌、半知菌等。就竹生真菌而言，根据 Hyde 等 2002 年的报道，全球已报道或被描述的竹生真菌超过 1100 种，它们是由 630 种子囊菌、150 种担子菌和约 330 种有丝分裂的真菌（100 种腔孢菌和 230 丝孢菌）组成，大多数隶属于 70 个科中的 228 个属的子囊菌。最大的科是肉座菌科，其余依次为炭角菌科、毛球壳科和麦角菌科；描述最清楚的科分别为炭角菌科、肉座菌科和黑痣菌科。担子菌大约占所有已报道竹生真菌的 13%，它们隶属于 42 科 70 属。

根据生活方式的不同，可以把竹生真菌分为三类：第一类为腐生型真菌，它们通过分解死亡的有机体来获取食物和能量。第二类为病原型真菌，这类真菌寄生于竹类植物活组织体表或体内，通过分解和代谢活组织成分获取营养。一般又可分为两个亚群，第一种是专性寄生型，该亚群在自然条件下始终营寄生生活，可被称为专一性寄生菌或活体寄生菌；第二种是兼性寄生型，因为在不同情况下，此类真菌的生活方式会发生变化，有时营寄生生活，有时营腐生生活。营专性寄生的病原真菌包括柄锈菌、层锈菌和 Uredo 三类，在此类真菌中，有些寄主范围非常狭窄，甚至可能只寄生于某个特定的变种上；而兼性寄生型真菌的寄主范围则较广。第三类为内生型真菌，这类真菌从寄主活组织中获取营养物质，同时为寄主的生长提供必要条件，它们与竹类植物在长期的共同进化过程中形成了互利共生的关系。

全球竹生真菌种类最多的应属亚洲，大约有 500 种，然后是南美洲（180 种），北美洲（70 种）。在亚洲，38% 的竹生真菌来自日本，大约有 300 种之多。中国是一个竹子大国，有竹子约 39 属 500 种，即可能有真菌约 3000 种，但据目前的报道，中国的竹生真菌仅报道和记载了 200 种左右。目前，关于竹林下土壤真菌分类学的研究并不多见，这部分真菌是竹林生态系统中一类重要的生物群落，大多研究集中在竹林土壤微生物的生物量上，国内只有陈辉等通过对陕西人工竹林内凋落物土壤中不同层次真菌进行了分类学研究，共鉴定出真菌 48 属（种），可见对于竹林土壤真菌的多样性分析需要更进一步的研究。

第二节　云南竹生子囊菌的物种鉴定与多样性调查

物种多样性是指动物、植物和微生物种类的丰富性，它们是人类生存和发展的基础。物种多样性是生物多样性的中心，是生物多样性最主要的结构和功能单位。物种多样性包括两个方面：一方面，是指一定区域内物种的丰富程度，可称为区域物种多样性；另一方面，是指生态学方面物种分布的均匀程度，可称为生态多样性或群落多样性。物种多样性是衡量一定地区生物资源丰富程度的一个客观指标。真菌是生物界中很大的一个类群，世界上已被描述的真菌约有 1 万属 15 万余种[①]，真菌学家戴芳澜教授估计中国大约有 4 万种。真菌广泛存在于土壤、空气、水等环境条件中，是地球上重要的生物类群之一，与人类的生产和生活息息相关，真菌作为分解者不仅参与生态系统中物质和能量的循环，而且还与动植物形成不同程度的复杂的共生、寄生等关系，与人类的关系十分密切。目前世界范围内已报道的竹生真菌约 650 种，其中大部分为子囊菌[②]。

一、云南竹生子囊菌研究区概况

云南省位于我国西南部，属于中低纬度，是我国自然条件最为复杂的省区之一。其地形由西北向东南倾斜，西北高，东南低，河流峡谷与山脉相间分布，境内海拔差异悬殊，山地纵横，湖泊众多。因其处在东南季风和西南季风控制下，又受西藏高原区的影响，所以自然地理环境复杂多样，具有内陆近海性、边缘性、过渡性和封闭性的特征。云南省的气候变化受水平、垂直两个方向上的一致叠加而加倍，兼有寒温性、温性、暖温性、暖热性和热性等气候类型，具有低纬气候、季风气候、山原气候的立体气候特点，全省年平均气温 4 ~ 24℃，大部分地区保持在 15℃左右。特殊的地理环境和气候特点让云南省成为中国生物多样性最丰富的省份，同时具有丰富性、珍贵性和脆弱性的特点。云南是我国竹类植物物种最为丰厚的地区也是亚洲竹子分布中心，为竹类真菌的多样性调查提供了不可替代的研究背景。

二、云南竹生子囊菌的研究方法

（一）样品采集与分离

根据云南竹林分布，将采样地分为滇中、滇南、滇东北、滇西北竹区，采样地点包括云南昆明、曲靖、玉溪、普洱、红河、西双版纳、德宏、昭通、大理、丽江、怒江和迪庆，采样时间从 2017 年至 2021 年，采集被子囊菌感染的竹子样本或凋落腐烂的枝、竿、叶、叶鞘、花、茎和根等，将采集的样品放入保鲜袋中带回实验室，并对未成熟的子实体进行保湿处理，采用单孢分离或组织分离法对新鲜的样品进行分离，以获得纯培养菌株。

（二）形态解剖

用体式显微镜观察真菌子实体的形状、颜色和着生方式等，并对子实体宏观特征进行

---

① 贺新生．菌物字典第 10 版菌物分类新体系简介 [J]. 中国食用菌，2009（28）：59–61.

② 周德群，凯文·海德，丽莲·维瑞蒙德．中国竹类真菌资源和多样性 [J]. 贵州科学，2000（18）：62–70.

拍照；使用光学显微镜观察子囊果、子座的内部结构和颜色，使用梅尔泽试剂（Melzer's reagent）检测子囊顶端结构（是否含淀粉质），棉蓝试剂（Lactophenol cotton blue）观察子囊壁结构，印度墨水（India ink）测试子囊孢子周围是否被胶质鞘包裹，使用乳酸液制作半永久玻片以备后续观察。同时，将样本干燥后制作成标木保存于纸质信封内。

（三）DNA 提取与测序

采用 DNA 真菌基因组试剂盒提取菌丝体 DNA，部分无法获得菌株的样本，先用 75% 的酒精消毒，再用无菌水清洗 3 次，晾干后，去除子座表皮，取子囊腔内籽实层体于研钵内，加液氮磨成粉。基因组 DNA 的提取采用 OMEGA E.Z.N.A.Forensic 试剂盒。DNA 和 PCR 产物检测采用 1% 的西班牙琼脂糖凝胶电泳法。rDNA 内转录间隔区（ITS）、小亚基 rDNA（SSU）序列扩增和测序引物分别采用 ITS5 和 ITS4 以及 NS1 和 NS4；大亚基 rDNA（LSU）序列扩增和测序引物采用 LROR 和 LR5；翻译延长因子 1-α 基因（TEF1- alpha）、RNA 聚合酶 II（R PB2）序列扩增和测序引物分别采用 EF1-983F 和 EF1-2218R 以及 fRPB2-5f 和 fRPB2-7cr。PCR 反应体系和反应条件沿用参考文献。测序工作委托生物工程（上海）股份有限公司完成，采用 BioEdit 软件读取序列并拼接，得到理想序列。

（四）物种鉴定与多样性调查

采用 ITS 和 LSU 序列在 GenBank 数据库中分别进行 blast 比对，并结合构建系统发育树的分析方法鉴定物种，采用 MAFFT 软件对单基因序列排列，并在 MEGA66.0 中拼接 ITS 和 LSU 序列，由于 SSU、TEF 和 R PB2 基因在 Gen- Bank 数据库中缺失较多，本研究多基因序列未包含上述基因序列，ITS 和 LSU 多基因组合排列共 624 条序列（包括外类群 Aleurodiscus bambusi- nus He4261 和 Agaricus memnonius HMAS0278359），总长度 1579bp，采用在线软件转换 PHYLIP 格式，采用 Findmodel 选择最优模型，采用最大似然法 Maximum-likelihood（ML）通过软件 R AxMLGUI v.1.0 进行计算，采用 1000 次重复，得到最优系统发育树以及支持率。ML 树支持率采用 MLBP 表示，所得系统发育树通过 TreeView 查看，并使用 Adobe Illustrator CS v.5 进行编辑。在 Index Fungorum 中查询物种科、目、纲的分类地位并进行统计分析。

三、云南竹生子囊菌调查结果与分析

（一）分子系统发育分析

基于ITS和LSU基因组合序列，利用Gen- Bank数据库中已发表的431条竹生真菌序列和本研究所分离的211条菌株序列共计642条，以Aleurodiscus bambusinus He4261和Agaricus mem- noniusHMAS0278359为外类群，使用R AxML软件，采用最大似然分析法构建的ML树，建树模型为GTR+ G + I，研究揭示了竹生子囊菌物种间的亲缘关系，并估算物种间分化时间，确立种的分类地位。结合GenBank Blast比对结果，共鉴定标本300份，74个物种隶属座囊菌纲（Dothideomycetes）、Eurotiomycetes、Leotiomycetes和粪壳菌纲（Sordariomycetes）。GenBank数据库中竹生真菌Arthrinium 属和Roussoella属上传的物种序列较多。座囊菌纲包括了Astro- sphaeriellaceae，Bambusicolaceae，Botryosphaeriaceae，Cladosporiaceae，Didymellaceae，Didymosphaeriaceae，Gloniaceae，Hysteriaceae，Occulti-bambusaceae，Parabambusicolaceae，Phaeosphaeriaceae，R oussoellaceae，Shiraiaceae，Strigulaceae，Tetraplosphaeriaceae和Tubeufiaceae等科；粪壳菌纲包含了Apiosporaceae，Bionectriaceae，Cephalothecaceae，Cordycipitaceae，Diaporthaceae，Distoseptisporaceae，Glomerellaceae，Hypocreaceae，Hypoxylaceae，Linocarpaceae，Oxydothidaceae，Vamsapriyaceae和Xylariaceae等科。

（二）物种鉴定与多样性分析

本研究共采集样本 300 份，鉴定竹生子囊菌 74 个物种，其中，分布在滇中、滇南、滇东北、滇西北各生境的物种数分别为 17、24、19、14，滇南竹林子囊菌分布的物种数最多，这可能与滇南属于热带气候湿度较大、年温差较小、雨季降雨量充沛、森林覆盖面积大有关，适宜的环境促进了各类竹子生长，也为竹生真菌提供了良好的生长环境。滇中和滇东北地区的平均海拔为 1500 米至 1800 米，昼夜有一定温差，常年较为干旱，该地区最为常见的物种隶属节棱孢属 Arthrinium，该属既能生长于高湿的滇南也能广泛寄生或腐生于干旱的滇中和滇东北，节棱孢属在世界范围内分布较广。目前寄主主要为禾本科植物，如竹子和其他草本植物，也有报道该属可寄生于蔷薇科或棕榈科，甚至在美洲有报道称在人体皮肤分离了该属一物种。

滇西北属于高寒区域，平均海拔达 3000 米，该地区生长的竹类多为植株矮小的箭竹，竹生子囊菌物种多样性偏低，但其特殊的地理条件对竹生药用菌的形成具有重要意义，目前所发现的 3 种野生药用竹生子囊菌（竹黄、竹红和竹肉球菌）均分布于滇西北区域（丽江、大理、怒江和香格里拉），该研究对野生药用菌的开发提供了基础理论数据。

通过对竹生子囊菌各纲、目、科、属的多样性分析，表明云南竹生子囊菌类群主要隶属粪壳菌纲占比 60.85% 和座囊菌纲占比 37.01%，少数隶属散囊菌纲和锤舌菌纲，物种分布较多的目为 Botryospha-eriales、Hypocreales、Pleosporales 和 Xylariales 分别占比为 3.88%、4.64%、32.95% 和 42.64%，分布较多的科为 Apiosporaceae、Bambusicolaceae、Botryosphaeriaceae、 R oussoellaceae 和 Xylariaceae 占比分别为 36.62%、5.28%、3.52%、13.38% 和 4.32%，分布较多的属为 Arthrinium、Bambusicola 和 R oussoella 占比分别为

14.78%、4.93% 和 7.39%，Arthrinium 和 Botryosphaeriaceae 是植物常见病原菌类群，该发现对竹类植物的病害防控与资源保护具有参考价值。

本研究在云南滇中、滇南、滇东北和滇西北等地区共采集竹生真菌 300 份，通过分子研究手段，分离出 211 条 ITS 和 LSU 基因组合片段，共鉴定出 74 个物种，分属 4 纲、18 目、29 科、40 属，研究中一部分样本由于与已知分子序列相近度低，无法仅仅通过分子手段鉴定到种，该部分样本未列出，后续需进一步增加基因片段进行物种鉴定，由此可见云南竹生真菌多样性较高，尤其在湿度较大和温度较高的滇南地区，物种多样性较为突出。

此外，本研究发现云南野生药用竹生真菌竹黄、竹红和竹肉球菌均采集于滇西北地区，竹黄作为我国传统中药，是一味非常著名的中药材，治虚寒胃痛、风湿性关节炎、坐骨神经痛、跌打损伤、筋骨酸痛等，在我国南方民间具有很长的药用历史，其子座内含有光敏化合物竹红菌素（Hypocrellin），该活性物质具有较好的开发前景，如临床医学上利用竹红菌素研制的软膏可用于治疗阴部白斑。本研究为上述药用竹生菌的进一步开发研究奠定了基础。

第三节　小蓬竹根际土壤微生物及内生真菌多样性分析

一、根际土壤微生物与小蓬竹概述

（一）根际土壤微生物

在自然界中，植物常常与特定微生物（细菌、真菌、放线菌等）生活在一起，形成一个紧密的植物–微生物复合群落。植物–微生物复合群落对于双方的生存和繁衍都具有重要意义，很多丛枝菌根真菌（Arbuscular mycorhizal fungi，AMF）、内生真菌（Endophytic fungi）、细菌（Bacteria）对植物的生长发育起着不可忽视的作用，能够促进植物对土壤中氮、磷和水分利用等方式来促进植物的生长，同时植物体又能够为这些微生物提供寄宿场所和生长所需的能源。而根际作为自然界各种化学营养物质进入植物根部参与植物生长过程中物质循环的枢纽，承载着土壤、植物根系与微生物之间的相互作用[①]，因此对植物根际土壤微生物（细菌、真菌、放线菌）和植物内生真菌多样性进行研究，有助于揭示植物对环境的适应性和植物与微生物之间的相互关系。

---

① 杨娟，董醇波，张芝元，等．不同产地杜仲根际土真菌群落结构的差异性分析 [J]. 菌物学报，2019，38（3）：327–340.

根际土壤微生物（Rhizospheriv soil microbe）在植物根部微生态系统中扮演着重要的角色，既要参与和驱动生态系统中植物体必需的营养元素与物质循环，还要促进土壤中有机质的分解、植物根系对养分的吸收转化和植物的生长发育，进而维持生态系统的健康状态。根际土壤微生物在特定的环境中会产生特定的“根际效应”来提高植物对外界不利环境的适应性，且在根部进行营养选择和富集，从而提高根际微生物的多样性，增强植物在特定环境中的适应性，这种作用对植物在高盐、干旱缺水等极端条件下生长良好有重要作用。植物内生真菌是指以植物体某一组织为宿主，对植物生长发育和健康有显著影响，通过帮助植物抵抗病虫害提高抗逆性的一类微生物。研究表明，不同种类的内生真菌由于对养分的需求不同，其生活方式与生存环境也有所不同，所以尽管在同一植株不同部位间内生菌多样性也存在较大的差异，这种差异被称之为内生真菌的“组织专一性”。

（二）小蓬竹概述

小蓬竹系禾本科竹亚科悬竹属（Ampelocalamus）植物，仅分布于贵州省罗甸、平塘、紫云和长顺等喀斯特山地，是典型的喀斯特物种，常成片生长于海拔 600 ~ 1000m 的石灰岩裸露石山。虽然小蓬竹分布区域十分狭窄，立地条件较差，但在其主要分布区均生长良好。部分研究表明，植物根际土壤微生物（细菌、真菌、放线菌）和内生真菌能够增强宿主植物抗逆性和对土壤肥力利用，进而改善其宿主植物生存状况。小蓬竹在土壤条件较差的喀斯特山地依旧能生长良好，是否与其微生物群落功能具有密切联系，是一个值得探索的问题。结合可培养微生物的优点，本书对小蓬竹根际土壤微生物（细菌、真菌、放线菌）和不同器官（根、茎、叶）内生真菌可培养部分多样性进行研究，有助于了解微生物—植物群落紧密的内在关系，在一定程度上可揭示小蓬竹对喀斯特特殊环境的适应性机理，同时纯化分离得到的菌株，也可为后期寻找小蓬竹相关耐性功能微生物奠定良好的基础。

（三）小蓬竹根际土壤微生物及内生真菌多样性分析的理论基础

物种多样性指数是衡量物种数量的重要指标，通常在群落中物种越丰富、分布比例越均匀，则物种群落的多样性指数越高。从小蓬竹根际土壤及不同器官微生物物种多样性指数来看：根和根际土的真菌多样性指数最高，物种丰富度从下（根、根际土）到上（茎、叶）呈现逐步降低的趋势，这在刺槐 Robinia pseudoncacia、重楼 Paris polyphylla var.chinensis 等植物中也观察到类似的现象。

根际土壤细菌和放线菌物种多样性相对较低，相关研究者认为可能是真菌群落受到土壤中 N、P、K 等元素影响造成。小蓬竹根际土壤与根部内生真菌多样性较高原因可能是由于，在根与土壤接触界面具有较多凋落物残体（凋落的叶、枝条、死根）以及根际分泌物，能够为根际和根部真菌分解利用提供充足碳源和可利用元素，进而促进其丰富度的提高。

从根际土和植株不同部位微生物组成来看，真菌类群中的脉孢菌属 Neurospora、木霉属 Trichoderma 在根际土、根、茎、叶内均有分布，其中木霉属被认为是具有重寄生（fungalparasite）功能的生防菌，对许多植物病原菌都具有一定的拮抗作用，这对小蓬竹抵抗喀斯特地区不良环境具有重要意义；同时在小蓬竹根际土和根中存在节菱孢霉属 Arthrinium 和漆斑菌属 Myrothecium 两个共有属，并且在根际土壤与根中均分离得到菌种 Myrothecium vervucaria。在土壤微生物类群中，普遍存在一类与植物共同进化并建立良好共生关系促进植物生长发育的细菌群落（PEGR），诸如，假单胞菌属（Pseudomonas sp.）、芽孢杆菌属（Bacillus sp.）等，这类细菌不仅可以诱导植物体自身产生抗生素抵御生物胁迫，而且还会通过产生激素和酶等信号分子，增强植株系统耐受性，同时促进植物对土壤中矿质营养元素的吸收，进而促进植物的生长。小蓬竹根际土壤微生物与内生菌丰富的多样性为其塑造了多样的植物功能性状，为其在喀斯特地区生长良好提供了必要的条件。

根际及内生菌能够促进植物营养元素的摄取，同时对植物次生代谢产物积累与产生具有重要影响，反之植物根系分泌产物又影响根际及内生菌的生长繁殖，根际土壤真菌及植物内生真菌的这些特性可以有效促进喀斯特地区植物在贫瘠土壤条件下对肥力资源的利用；刘雯雯等发现在喀斯特灌木演替阶段，土壤真菌的优势属为木霉属、青霉属等，而作为竹灌的小蓬竹在根际土壤真菌优势属组成与上述结果具有较大相似性。同样小蓬竹内生真菌中的青霉属 Penicillium 、镰刀菌属 Fusarium 等菌属在植物耐受喀斯特地区钙胁迫和抵御病原菌侵染方面具有重要作用。根际土壤细菌类群中的芽孢杆菌属 Bacillus、贪铜菌属 Cupriatidus 被证实能够促进植株对土壤中 K 元素的利用，这对于喀斯特小蓬竹适应喀斯特地区贫瘠的环境具有重要意义。相关学者对于喀斯特地区放线菌的研究也发现主要以链霉菌属 Streptomyces 为主。上述菌属的存在可为揭示小蓬竹对喀斯特地区环境适应性奠定坚实基础，但具体机制机理尚需进一步对分离的相应菌种进行相关功能试验。

二、小蓬竹根际土壤微生物及内生真菌多样性分析的材料与方法

（一）研究区概况

采样点位于贵州省罗甸县董架乡打鸟槽，经纬度为 106° 45'17"E、25° 30'39'N，属于典型的亚热带季风气候。年日照时数约 1300 ~ 1500h，年降水量约 1000 ~ 1400mm，海拔 757m。土壤为石灰土（pH 7.68），主要土壤酶活性分别为：过氧化氢酶（8.74 ± 0.01）g/min、蔗糖酶（2.64 ± 0.03）g/d、脲酶 0.04mg（NH，–N）/g/d（实测值）。

（二）实验材料

于采样点（罗甸县董架乡）沿等高线按一定距离设置 5 个样方（5m × 5m），每个样

方随机选择 10 株母竹，将竹从整丛挖出，采集健康植株根、茎、叶 3 部分样品（茎部分混合上中下 3 个部位），使用抖落法采集附着于根系 2mm 根际土壤。将各样方采集的 10 株植株分别按根、茎、叶均匀混合，置于 4℃冰盒低温保存及时带回实验室处理。所需培养基为：25% 双抗 PDA 培养基、PDA 培养基、马丁氏－孟加拉红培养基、牛肉膏蛋白胨培养基、改良高氏 1 号培养基（所有培养基均购买自上海博微生物科技有限公司）。

（三）微生物的分离培养

1. 根、茎、叶内生真菌的分离

将根、茎、叶用无菌水把表面附着的土壤洗净，用无菌刀切割成 4mm×4mm 大小的组织块。在无菌操作台内将组织块于 75% 酒精中浸泡 1min 后，用无菌水冲洗 3 次，随后用 2.5% 次氯酸钠溶液消毒 1min 后再放入 75% 酒精中浸泡 30s，使用去离子无菌水冲洗 5 次后，用无菌滤纸擦干。将组织块两端削后接种在 25% 双抗 PDA 培养基，在优化后的每个平板上的 6 个琼脂块各接 1 个组织块，每个处理 10 个组织块，然后置于 26℃的生化培养箱内恒温培养（采用组织印迹法、漂洗液涂布法及空白对照法检测操作环境和组织表面是否消毒干净，保证分离到的为“内生菌”）。随时观察组织切口是否有菌丝长出，待菌丝长出后及时转接至 PDA 培养基，纯化 2 ~ 3 次后获得单一菌株。

2. 土壤真菌、细菌、放线菌的分离

使用稀释平板涂抹法，取 10g 新鲜土样转入 90mL 无菌水中，在摇床上振荡 30min 充分混匀（200.0rpm，25℃）。使用移液枪吸取混匀后的土样溶液 1mL，转入装有 9mL 无菌水的试管中，获得浓度为 10% ~ 20% 的稀释土样。

（1）真菌。使用孟加拉红培养基（加 100U/mL 青霉素和庆大霉素 160U/mL 抑制细菌生长），置于生化培养箱 28℃培养 5d，每日观察菌落生长情况，一旦发现菌丝长出立即挑取单菌落边缘菌丝接种至新的 PDA 培养基，重复 2 ~ 3 次直至获得单一菌株。

（2）细菌。使用牛肉膏蛋白胨培养基，置于生化培养箱 37℃培养 2 ~ 7d，待菌落长出后立即挑取形态、颜色、质地等不同的单菌落划线于新的平板培养直至获得纯菌株。

（3）放线菌。使用改良高氏 1 号培养基，置于生化培养箱 28℃培养 7d 纯化方法同真菌，所有处理在纯化 2 ~ 3 次后获得单一菌株。

（四）菌种鉴定

使用 Ezup 柱式（离心柱型，50PREPS）真菌和细菌基因组 DNA 抽提试剂盒［生物工程（上海）股份有限公司］提取 DNA，使用 DNA 纯化试剂盒 Kit Ver.2.0（TaKa）进行纯化，用 1% 琼脂糖凝胶（其中含有 0.5mg/L 溴化乙啶）电泳检测 DNA 的质量。PCR 扩增引物和程序如下。

（1）真菌。通用引物。延伸 1min，循环结束后 72℃延伸 8min，4℃保存。

（2）细菌、放线菌。通用引物。Bact-F（5'-AGAGTITGATCCTGGCTCAG-3'），Bact-R（5'-CTACGGCTACCCTT GTTALGA-3'）。

扩增程序：94℃预变性 3min 后进行 30 个循环，每个循环包括 94℃变性 3min，51℃退火 1min，72℃延伸 3min，循环结束后 72℃延伸 5min，4℃保存。

扩增产物由英潍基（上海）贸易有限公司（Invitrogen）采用 ABI3730xl 测序，最后登录 NCBI GenBank 通过 BLAST 比对测序结果，下载相近的菌株序列（相似性大于 97%），结合分子生物学证据鉴定菌株种类。

（五）数据处理

1. 真菌、细菌、放线菌多样性

利用 Shannon-Wiener 多样性指数（H）、均匀度指数（E）、Simpson 指数（D）评价小蓬竹微生物多样性，计算公式如下：

$H=\sum\left(P_i \ln P_i\right)$（$P_i$ 为第 i 种菌株数占全部菌株数的百分比）

$D=1-\sum\left(P_i\right)^2$（$P_i$ 为第 i 种菌株数占全部菌株数的百分比）

$E=H/\ln(S)$（H 为 Shannon-Wiener 指数，S 为物种总数目）

相对多度（%）= $\frac{\text{某属菌株多度}}{\text{所有属菌株多度}}$ ×100（≥）10%视为优势属

2. 系统发育树的构建

利用 Clustal X2.0 软件对下载的菌株序列进行匹配排列，用 MEGA6（邻接法）和 Figtree 软件进行系统发育树的构建与美化。

3. 进行层次聚类分析和绘图工作

采用 Origin2018 对真菌、细菌、放线菌进行层次聚类分析和绘图工作。

三、小蓬竹根际土壤微生物及内生真菌多样性结果与分析

（一）根际土壤微生物及不同器官内生真菌的组成

从小蓬竹根际土壤和根茎叶分离得到具有明显形态差异的菌株 200 株，组成情况如下。

（1）土壤真菌与内生真菌菌株共 139 株，通过 rDNA-ITS 序列比对归属 27 属 54 种。根部分离得到的 63 个内生真菌株可归到 17 个属，优势属为漆斑菌属 Myvothecium（12.70%）、镰刀菌属 Fusarium（12.70%）、稻镰状瓶霉属 Harpora（11.11%）。茎分离得到的 14 个

内生真菌菌株可归到 8 个属，优势属依次为弯孢聚壳属 Eutypella（14.29%）、肉座菌属 Hypcrea（14.29%）、拟茎点霉属 mitosporic（14.29%）、脉孢菌属 Neurospora（14.29%）、刺盘孢属 mitosporic（14.29%）、半壳霉属 Rhytismataceae（14.29%）。叶分离得到的 28 个内生真菌菌株可归到 9 个属，优势属节菱孢霉属 Arthrinium（28.57%）、炭角菌属 Xylaria（21.42%）、毛壳菌属 Chaetomium（10.71%）。根际土分离得到的 34 个内生真菌菌株可归到 12 个属，优势属依次为青霉菌属 Penicillium（20.59%）、曲霉属 Aspergillus（17.64%）、木霉属 Trichoderma（14.40%）、踝节菌属 Talaromyce（11.76%）、漆斑菌属 Myothecium（11.76%）等；

（2）从根际土壤中分离得到 41 株细菌菌株可归到 7 个属，其中优势属为芽孢杆菌属 Bacillus（70.73%）；

（3）从根际土壤中分离得到的 20 株放线菌菌株全部归属于链霉菌属 Streptomyces。

（二）根际土壤微生物及不同器官内生真菌的系统发育关系分析

1. 真菌

小蓬竹根、茎、叶、根际土壤总共分离得到139个真菌菌株均属于子囊菌门。其中 Trichoderma velutinum（EF596953.1）与Trichoderma spirale（KM011996.1）、Fusarium sp.WF150（HQ130706.1）和Fusarium redolens（EF495234.1）、Fusarium sp.LMG201（KJ598872.1）和Fusarium sp.C_1_BESC_294z（KC007281.1）、Hypocrea nigricans（JN943369）和 Hypocrea rufa1（KC01245.1）、Fusarium sp.LMG20（KJ598872）和Fusarium sp.WF150（HQ130706）的支持率均达到100%，说明上述类群亲缘关系较近。其余各个类群间支持率从4%—99%不等，亲缘关系依次从远到近。在分类水平上来看，粪壳菌纲 Sordariomycetes处于绝对优势纲，占菌株总数的76.08%，其余占比分别为散囊菌纲 Eurotiomycetes 5.18%，座囊菌纲Dothideomycetes 3.62%、丝孢菌纲Hyphomycetes 2.17%、锤舌菌纲Leotionycetes 1.4%、伞菌纲Agaricomycetes 0.74%。

2. 细菌

从根际土壤中分离得到 41 株细菌菌株分别归属于厚壁菌门 Fimicutes（29 株）、变形菌门 Proteobacteria（11 株）、拟杆菌门 Bacteroidetes（1 株）。其中变形菌门中的 Pseudomonas monteilli 和 Pseudomonas sp.JSPB3，Lysobacter sp.R7-567 和 Lysobacter sp.BBCT65 支持率菌达到了 100%，说明上述两者间亲缘关系较近。其余支持率从 21% ~ 99% 不等。

3. 放线菌

从根际土壤中分离得到的 20 株放线菌菌株均属于链霉菌属 Streptomyces，分属于 15 个种。支持率从 7% ~ 99% 不等。

（三）根际土壤微生物及不同器官内生真菌多样性分析

在真菌多样性指数中，Shannon–Wiener 多样性指数 H 依次为根 2.652> 根际土 2.18> 茎 2.045> 叶 1.989，Simpson 指数 D 依次为根 0.919> 根际土 0.932> 茎 0.867> 叶 0.834，均匀度指数 E 依次为根际土 0.89> 茎 0.775> 根 0.640> 叶 0.597。从多样性的排序可以看出在 Shannon–Wiener 多样性指数 H 与 Simpson 指数 D 中最高的为根，最低的为叶，而在均匀度指数 E 中最高的为根际土，最低的为叶。从几个多样性指数的计算结果来看，根际土壤真菌的多样性总体要高于不同器官（根、茎、叶）内生真菌的多样性。根际土细菌多样中：H 指数为 1.0679，Simpson 指数 D 为 0.5217，均匀度指数互为 0.5488；根际土放线菌多样中：H 指数为 2.63，Simpson 指数 D 为 0.08，均匀度指数互为 0.9865。

（四）根际土壤微生物及不同器官内生真菌群落相似性比较

通过对小蓬竹根际土壤微生物和各个器官内生真菌的种类构成进行层次聚类（距离采用欧式距离）分析后发现，根际土与不同器官的真菌组成首先单独聚为一支，其中茎与叶先聚为一类，其后茎、叶与根聚为一类，最后根、茎、叶再与根际土聚为一类。从聚类结果可知，根、茎、叶真菌群落相似性较高，而根、茎、叶与根际土壤相似性较低。同时也反映出不同器官内生真菌的组成具有较高的相似性，而与根际土壤紧密接触的根部内生真菌与根际土壤真菌具有一定相似性；根际土细菌和放线菌聚类距离与所有真菌相等，完整地将真菌、细菌、放线菌聚为 3 支。

研究表明，从喀斯特地区特有植物小蓬竹根际土壤及根、茎、叶共分离得到 139 株真菌菌株，归属于 27 属，其中根际土壤 34 株为 12 属，青霉菌属 Pcnicillium 为优势属；根部 63 株为 17 属，漆斑菌属 Myrothecium、镰刀菌属 Fusarium 为优势属，茎部 14 株为 8 个属，弯孢聚壳属 Eutyyella、肉座菌属 Hypcrea、拟茎点霉属 Mitosporic、脉孢菌属 Neurospora、刺盘孢属 mitosporic、半壳霉属 Rhytismataceae 为优势属；叶部 28 株划分为 9 属，节菱孢霉属 Arthrinium 为优势属。根际土壤分离得到细菌菌株 41 株，归属 7 属，芽孢杆菌属 Bacillus 为优势属。放线菌菌株 20 株，均为链霉菌属 Streptomyces。

根际土壤真菌 Shannon–Wiener 指数 H 为 2.18，根、茎、叶内生真菌分别为 2.652、2.045、1.989；Simpson 指数 D 为：根际土壤真菌 0.932，根 0.919、茎 0.867、叶 0.834；均匀度指数 E 为：根际土壤真菌 0.89，根 0.640、茎 0.775、叶 0.597。根际土细菌 Shannon–Wiener 指数为 1.0679，Simpson 指数为 0.5217，均匀度指数为 0.5488。根际土放线菌 Shannon–Wiener 指数为 2.63，Simpson 指数为 0.08，均匀度指数为 0.9865。综合三个多样性指数，表明小蓬竹根际土壤真菌多样性较内生真菌多样性高。

第四节　合江方竹根际土壤丛枝菌根真菌多样性

一、合江方竹概述

合江方竹（Chimonobambusa hejiangensis C.D.Chu et C.S.Chao）是禾本科竹亚科寒竹属植物，是中国的特有种，主要的分布区包括四川合江、贵州赤水和贵州习水等地，生长在海拔为 800 ~ 1200m 处。因其出笋期在出笋淡季，且自身营养比较丰富，通过加工成鲜笋或干笋的形式进行销售，深受市场欢迎，开发价值很高。丛枝菌根（AM）真菌是球囊菌门（Glomeromycota）的一类专性活体营养共生菌①，80% 以上的植物都能被 AM 真菌侵染形成共生体，通过共生体 AM 真菌能促进植物对 N、P、K 等矿质元素及微量元素的吸收和利用，增强植物的抗旱、抗寒和盐胁迫等抗逆性，促进植物生长，加快幼苗成活，促进农林业发展。研究发现，竹类与 AM 真菌也存在共生关系，可以在土壤中形成共生体以促进竹类植物的生长，但在方竹方面相关研究较少，仅见叶文兰等报道了金佛山方竹（Chimonoba-busa utilis）根围 AM 真菌种类，关于合江方竹共生 AM 真菌资源研究未见报道。

本研究以合江方竹根际土壤为研究对象，对合江方竹根系进行侵染调查研究，并从根际土壤中分离 AM 真菌孢子，通过形态学特征对合江方竹 AM 真菌进行种属鉴定，探明与合江方竹共生的 AM 真菌种类及多样性状况，为 AM 真菌在合江方竹上的应用，特别是菌根苗生产中的菌种筛选提供理论依据。

二、研究合江方竹根际土壤丛枝菌根真菌多样性的材料与方法

（一）土样采集

采样地位于贵州省遵义市赤水市大同镇合江方竹天然林分布区，海拔为 831 ~ 1050m。选取长势良好的合江方竹，采集根系和根际土壤。采样时，挖除土壤表面约 2cm 的土壤及杂质，采集距地表 5 ~ 30cm 土层中的合江方竹根系和根际土壤，3 株重复，混合后约 1kg，放入采集袋中，待根际土壤自然风干后，放入冰箱中 4℃进行保存，备用。用自来水将根系表面土壤杂质洗净后，放进广口瓶，用 FAA 固定液固定备用。

（二）根系侵染状况与侵染率

采用碱解离—酸性品红染色法观察根系菌根侵染状况。从 FAA 固定液中取出根系，用清水冲洗 2 ~ 3 次后将根系裁剪为 1cm 的小段，用质量分数 10%NaOH 溶液在 90℃水浴锅中解离 1min，水洗 3 ~ 5 次，用 30%H_2O_2 在 90℃水浴锅中酸化 0.5 ~ 1.0min，水洗 3 ~ 5

① 杨春雪，李丽丽．丛枝菌根真菌鉴定方法的研究进展 [J]. 贵州农业科学，2014，42（7）：93-97.

次。根段用酸性品红乳酸甘油染色 2d，取出进行制片，并置于 Olympus BX53 光学显微镜下观察，记录每条根段各种菌根结构（菌丝、泡囊和根内孢子等）的侵染情况，根据每条被侵染菌根的根段长度所占根段总长度的百分比，按加权法计算根段侵染率，共计 50 根，3 次重复。

（三）观察的总根段数

AM 真菌的分离与鉴定：采用湿筛倾注—蔗糖离心法对土壤 AM 真菌孢子进行分离。将分离后的孢子置于体式显微镜下挑选成熟孢子，用无菌枪头吸取孢子于载玻片上，以水为载浮剂，置于生物显微镜（Olympus BX53）和摄影系统（Olympus DP70）下，对孢子大小、形状、颜色、连孢菌丝、孢子壁及发芽壁的层数和厚度、孢子压破后的内含物及在 Melzer' s 试剂中的染色情况、孢子表面有无纹饰或附着物等特征进行详细观察、记录并照相。依据国际丛枝菌根真菌保藏中心（INVAM，http://invam.caf.wvu.edu）、http://www.amf－phylogeny.com 和 http://www.zor.zut.edu.pl /Glomeromycota 等网站提供的种属描述及其相应的图片，结合贵州大学 AM 真菌保藏资源进行种属鉴定，中文学名参见王幼珊等球囊菌门丛枝菌根真菌最新分类系统菌种名录。

（四）物种多样性分析

按上述孢子分离方法，每个土样重复 3 次，测定以下指标，孢子密度（SD）为 20g 风干土样中孢子的总数；相对多度（RA）为该采样点某种孢子数占该采样点总孢子数的比例；相对频度（RF）=（某个种的频度 / 所有种的频度总和）×100%；重要值 I=（RF+RA）/2，即频度和相对多度的平均值。

三、合江方竹根际土壤丛枝菌根真菌多样性研究结果与分析

（一）合江方竹根系侵染状况

镜检观察合江方竹根系的 AM 真菌侵染情况，其菌根侵染率为 23%，其中菌丝和泡囊是 AM 真菌侵染根系的主要形式。此外，也可观察到根系表面存在根内孢子，说明 AM 真菌可侵染合江方竹根系，能与之建立良好的共生关系。

（二）合江方竹根际 AM 真菌的鉴定

经过孢子形态学的鉴定，从贵州省赤水市合江方竹根际土壤中共分离、鉴定出 AM 真菌 8 属 24 种，其中无梗囊霉属（Acaulospora）10 种，多样孢囊霉属（Diversispora）1 种，盾巨孢囊霉属（Scutellospora）1 种，巨孢囊霉属（Gigaspora）1 种，球囊霉属（Glomus）6 种，隔球囊霉属（Septoglomus）2 种，硬囊霉属（Sclerocystis）1 种，双型囊霉属（Ambispora）2 种。

（三）AM 真菌多样性

球囊霉属和无梗囊霉属为合江方竹根系 AM 真菌优势属，柯氏无梗囊霉（A.koskei）、小果球囊霉（G.microcarpum）、长孢球囊霉（G.doli- chosporum）为优势种。

四、合江方竹根际土壤丛枝菌根真菌多样性的表现

合江方竹根系中有根内孢子、菌丝和泡囊等结构，说明 AM 真菌能够侵染合江方竹根系，其侵染率为 23%，表明 AM 真菌能与合江方竹建立较好的共生关系。该研究结果与叶文兰等发表的金佛山方竹侵染率相差不大，但是与其他植物如甘蔗（Saccharum officinarum）、玉米（Zea mays）、栌橘木（Nouelia insignis）、胡杨（Populus euphratica）和骆驼刺（Alhagi sparsifolia）相比，侵染率并不高。不同植物之间侵染率有一定的差异性，研究表明，土壤类型、质地、土壤中的养分情况、土壤 pH、温度及湿度都会对菌根侵染率造成影响，除此之外，植物与 AM 真菌的亲和程度也会造成侵染率差异。合江方竹侵染率低可能是因为采样时间为冬季，温度低，且生长环境潮湿，也可能和调查地土壤中养分情况，尤其是其含磷水平有关，具体原因有待进一步研究。虽然合江方竹自然状态下侵染率不高，但是可以通过人为接种 AM 菌菌种来提高其侵染率，如邢红爽等通过接种摩西斗管囊霉（Funneliformis mosseae）和变形球囊霉（Glomus versiforme）提高了百合（Liliumbrownii var.viridulum）的侵染率。因此，通过接种 AM 真菌在提高合江方竹产量、品质、移栽苗成活率等应用上仍然具有广阔的前景。

在自然环境中，合江方竹根系 AM 真菌种质资源丰富。其中，无梗囊霉属和球囊霉属的孢子种类和数量较多，与金佛山方竹、紫背天葵（Begonia fimbristipula）、半夏（Pinellia terna- ta）、滑桃木（Trewia nudiflora）、广西木薯（Manihot esculenta）、广西柳江生姜（Zingiber offi- cinale）、牡丹（Paeonia suffruticosa）主栽培根际根围和贵州茶树（Camellia sinensis）的 AM 真菌组成具有一定的相似性，说明无梗囊霉属与球囊霉属能适应更多的环境，具有适应性强、分布较广泛的特点。本研究中的 AM 真菌物种多度与金佛山方竹相似，但属的多样性高于金佛山方竹，可能是合江方竹生存的环境更适合与 AM 真菌不同属建立共生关系，也可能是合江方竹与 AM 真菌具有更好的亲和性，具体原因有待进一步研究。AM 真菌的多样性受到环境因素影响，其对环境的适应也具有选择性，适应环境的菌种大量繁殖并随之成为优势种，相反则会被慢慢淘汰至消失在该类生境中。本研究中的柯氏无梗囊霉（A.ko- skei）、小果球囊霉（G.microcarpum）、长孢球囊霉（G.dolichosporum）可能自身生物学的特性比较适应该环境，在试验观察过程中出现的频度较高、重要值高，初步确定为该环境优势种，与金佛山方竹、灌木铁线莲（Clematis fruticosa）及梵净山菝葜（Smilax china）、箭竹（Fargesia spathacea）和银叶杜鹃（Rhododendron argyrophyllum）等植物根际

土壤丛枝菌根的研究结果基本一致。

完善植物丛枝菌根真菌的种质资源调查，对筛选高效菌种、菌根真菌资源在农林业上的开发和应用具有重要意义，如英国洛桑农业研究中心将生产的 AM 菌剂推广到法国、丹麦和日本等国家，广泛应用在果树、蔬菜及花卉上，提高了经济效益。在生物技术上，通过接种丛枝菌根真菌，育成菌根化苗木可促进幼苗生长、提高植物的抗旱性、提高植物耐受盐碱胁迫能力、增强对 N、P 等元素的吸收能力。本研究在国内首次对合江方竹根际中 AM 真菌的侵染状况进行了调查，并对根际 AM 真菌种类进行了鉴定，确定了合江方竹部分 AM 真菌种质资源，完善了贵州部分丛枝菌根真菌（AMF）菌种资源，为丛枝菌根的研究与应用提供了资源；在生产上，可为菌剂筛选提供基础数据，为合江方竹菌根化育苗、栽培和丰产提供了依据。

第四章 多维视角下竹生真菌的分离

第一节 毛竹种子内生真菌的分离与分子鉴定

目前，关于竹种子内生真菌的研究较少，这些内生真菌对竹种子的意义尚不清楚，它们对竹子开花、种子败育以及竹林病害等关系都有待于再一步研究。

竹子是非常有特色的禾本科木质化的植物，比一般的林木更加难以遗传、改良，内生真菌实际上为竹子提供了一种潜在的生长发育调控新方式。在利用毛竹（Phyllostachys heterocycla cv.pubescens）种子进行组织培养过程中经常发现，表面消毒的种子会出现大量不同的真菌。本书将传统形态分类鉴定方法与现代分子生物学技术相结合，对毛竹种子组织培养过程中反复出现的真菌进行分离，并对它们的形态和 rDNA-ITS 序列进行分析，从而了解毛竹种子中内生真菌的分布，以期能为预防毛竹种子组织培养过程中内生菌污染提供科学依据，同时为研究毛竹有关病害发生规律和毛竹种子真菌研究利用奠定基础，也为竹子开花及种子败育原因的探究提供了新的思路。

一、毛竹种子内生真菌分离与分子鉴定的研究材料与方法

（一）研究所需材料

实验材料为广西桂林采集的成熟毛竹种子。剥去毛竹种子外稃，选择颗粒饱满、色泽明亮的完整种子备用。

（二）培养基制备

固体培养基 PDA：取去皮马铃薯 200g，切成小块，加水 1000mL 煮沸 30min，滤去马铃薯块，将滤液补足至 1000mL，加葡萄糖 20g，琼脂 15g，121℃灭菌 20min，制成 PDA 平板培养基。

液体培养基 PDB：除不加琼脂外，制备方法和配方与固体培养基相同。

（三）内生真菌的分离和纯化

毛竹种子先用 70% 的酒精表面消毒 1min，再用 2.5% 次氯酸钠溶液浸泡消毒 30min，最后用无菌水冲洗 5 次，在无菌条件下将种子切成两半，接种到 PDA 平板上，25℃恒温培养。接种物培养 3d 后，内生真菌开始萌发，陆续形成菌落。在进入生长旺盛期时，挑取不同形态真菌菌落边缘生长良好的菌丝，在 PDA 培养基上做平板划线，25℃恒温条件下倒置培养。直至单个平板上为形态单一的菌落时，挑取单菌落进行纯培养。沿不同形态菌株菌落的边缘挑取生长良好的小块菌丝，分别接种盛有 50mL PDB 液体培养基的 250mL 三角瓶内，25℃下 200r · min^{-1} 振荡培养，取 OD600 > 2.0 时的菌液提取基因组 DNA。

（四）基因组 DNA 提取

采用 CTAB 法提取菌株基因组 DNA，具体方法如下。

（1）向 50mL 离心管中加入 50mL 的菌液，8000rpm 离心 5min，弃上清；

（2）将收集到的菌丝体，在液氮条件下研磨成粉末，每种称取 0.2 ~ 0.25g 粉末放入 1.5mL 离心管内，再加入 1mL CTAB 提取液，65℃水浴 1h；

（3）取出离心管，12000rpm4℃离心 5min，取 750μL 上清液至 1.5mL 离心管；

（4）加入等体积的酚、氯仿、异戊醇（25 ∶ 24 ∶ 1）轻轻振荡混合均匀，12000rpm 4℃离心 5min；

（5）取 400μL 上清液至 1.5mL 离心管，加入 1/10 体积的醋酸钠和 2.5 倍体积的无水乙醇；

（6）8000rpm 离心 3min，后倒掉上清，倒扣在滤纸上片刻，用 1mL 75% 的乙醇漂洗沉淀；

（7）12000rpm 离心 1min，去除上清，再加入 1mL 75% 的乙醇，重复上述操作，去除上清后，干燥 5 ~ 10min；

（8）用 40μL Tris-EDTA 缓冲液溶解 DNA，离心数秒后，4℃保存备用。

（五）核糖体 rDNA-ITS 扩增引物

编码真菌核糖体rRNA基因的rDNA-ITS序列引物ITS1(5'-TCCGTAGGTGAACCTGCGG-3')和ITS4(5'-TCCTCCGCTTATTGATATGC-3')，引物由TaKaRa公司合成。PCR扩增：以ITS引物ITS1/ITS4对上述提取基因组DNA的rDNA-ITS序列进行扩增。

ITS-PCR 的扩增体系为：10 × PCR Buffer 2.5μL，10mmol · L^{-1}dNTPs 2μL，25mmol · L^{-1} MgCl 22μL，5U · μL^{-1}TaqDNA 酶 0.3μL，10μmol · L^{-1}ITS1/ITS4 引物各 1μL，30ng 模板 DNA，最后加 H_2O 使反应总体积至 25μL。扩增程序：94℃预变性 2.5min；94℃变性 30s，56℃退火 45s，72℃延伸 1.5min，30 个循环；最后 72℃延伸 7min。

（六）核糖体 rDNA-ITS 测序与分析

PCR 产物电泳后切胶回收，和载体 pMD18-T 连接，转化到大肠杆菌（E.coli）DH5α 感受态细胞中，PCR 检测，经蓝白斑筛选和 PCR 鉴定后，每个样品均随机挑选 3 个阳性克隆委托宝生物工程公司测序。将测得菌株的 ITS 序列在 GenBank（http：//www.Ncbi.nlm.nih.gov /BLAST）核酸序列数据库进行序列相似性的同源性比较分析。

二、毛竹种子内生真菌分离与分子鉴定的研究结果与分析

（一）毛竹种子真菌的分离和形态学特征

本实验共分离得到了 7 个不同表型的真菌菌株，观察菌落在 PDA 平板上的形状、正反面的颜色、质地、中央是否隆起等特征。在 PDA 平板上的生长性状表述见表 4-1。

表 4-1　毛竹种子真菌形态特征描述

菌株	菌落特征
1 号	菌落形状不规则，橄榄绿色，呈密毡状匍匐生长在培养基表面，无色素分泌
2 号	菌落形状不规则，菌落致密，灰绿色，边缘白色，无色素分泌
3 号	菌落圆形，橘黄色具有同心轮纹，絮状，菌落边缘菌丝颜色较浅，菌落背面颜色呈较深的橘黄色，有黄色色素分泌
4 号	菌落圆形，绒毛状，粉灰色，中间颜色较边缘颜色浅，无色素分泌
5 号	菌落形状为不规则的多角形块状或片状，初为白色，平滑，后龟裂；肉质，渐变为木栓质，无色素分泌
6 号	菌落形状不规则，菌落致密，颜色为灰绿色，边缘为白色，背面褐色，无色素分泌
7 号	菌落圆形，灰白色，绒毛状向四周扩展，生长迅速，并有黑色子座形成，无色素分泌

（二）PCR 扩增结果

采用通用引物 ITS1/ITS4，以各菌株的 DNA 为模板，扩增 ITS 序列，均能成功地扩增目的条带，序列长度介于 550 ~ 750bp。

（三）核糖体 rDNA-ITS 序列测序及鉴定结果

共成功克隆到其中 5 个菌株 ITS 序列，2 号菌株的 ITS 序列与暗色孢科（Dematiaceae）枝孢属（Cladosporium Link）枝状枝孢（Cladosporium cladosporioides）的同源性达到 100%，它是一种重要的致霉菌，对竹材的危害表现为，竹材表面变褐色，具深褐色斑点，内部几乎不变色。4 号菌株和 7 号菌株的 ITS 序列通过 Blast 比对分析，属于黑盘孢科（Melanconiaceae）刺盘孢属（Colletotrichum sp.），能引起竹炭疽病，是一种常见的杆部病害，

主要危害茎秆，病斑初期圆形至椭圆形，中央灰白色，边缘暗褐色，扩展后相互联合成大斑，危害严重时，后期竹茎在节间处变软，萎缩，全茎变黑，上面着生淡黄色小点。5 号菌株的 ITS 序列通过 Blast 比对分析，为肉座菌科（Hypocreaceae）竹黄属（Shiraia sp.）的竹黄菌（Shiraia bambusicola），能使竹子患赤团子病，患病竹子生长缓慢，严重时会导致成片的竹林叶色由绿变黄，最后衰败死亡。但竹黄本身含有多种生物活性物质，能杀伤肿瘤细胞和抑制艾滋病毒、具抗菌活性、具保健功能的食用色素等作用。有趣的是，虽然 2 号菌株与 6 号菌株的表型不尽相同，但鉴定为同一种菌。

随着对竹生真菌进行了更为系统的研究，发现了多种新种和新纪录种，金群英等首次从竹子中分离了两株新的 Meira geulakonigii 菌株，并且更深一步地描述了它们的生理特性。竹生真菌的开发利用也成为研究的热点，张剑等在毛竹叶片上分离到一株病原真菌，经生物测定发现该菌产生的粗毒素具有很强的除草活性，具有开发为生物除草剂的潜力。在本书中也分离到了药用真菌竹黄，这些竹林真菌的重要性显而易见。菌株的分离和鉴定是研究真菌的基础，借助 DNA 分子标记首先要理清真菌的种类和归属等，进而才有可能对它们的具体作用进行深入研究。本书利用 ITS 分子标记对竹子中存在的内生真菌作初步评价，但要明确毛竹种子内生真菌分布、种类、归属甚至亲缘关系，尚需做大量的研究工作。

第二节　金佛山方竹共生外生菌根真菌分离及培养

一、金佛山方竹概述

（一）金佛山方竹的形态特征

金佛山方竹（Chimonobambusa utilis），属于禾本科（Gramineae）竹亚科（Bambusoideae）寒竹属（Chimonobambusa Makino），秆高 5 ~ 7（10）m；节间长 20 ~ 30cm，圆筒形，或下部节间略呈四方形，幼时密被黄褐色短硬毛和稀疏灰黄色瘤基而粗糙，或有时不留瘤基而稍平滑，秆壁厚 4 ~ 7mm；箨环被褐色绒毛；秆环平或隆起；秆中下部各节内具发达的气生根刺。秆每节上枝条 3 枚。箨鞘迟落，短于节间，背面具明显的淡白色斑块，无毛或仅基部具白色微绒毛，具小缘毛；箨舌高 0.5 ~ 1.2mm；箨片锥状三角形，长 4 ~ 7mm。小枝具叶 1 ~ 3 片；叶鞘口缝毛稀少或缺；叶舌高 1 ~ 2mm；叶片披针形，长 14 ~ 19cm，宽 1.2 ~ 3cm，下面灰绿色，次脉 5 ~ 7 对。该植物为须根系（fibrous root system），笋期在 8 月中旬至 9 月中旬或稍晚。

（二）金佛山方竹的生境

金佛山方竹是我国西南地区的特有竹种，为复轴混生型小径竹，在地理分布上表现为水平范围窄、垂直方向宽。其主要沿大娄山系，以四川的邻水、云南的彝良、贵州的道真、绥阳和息烽为界，大致分布在北纬 27° 6′ 40″ ~ 30° 22′ 42″ 和东经 104° 3′ 38″ ~ 107° 37′ 30″，中心分布区相对集中，有 3 万余 hm^2，但表型差异大，绝大多数分布在海拔 1400 ~ 2200m 的地区，在海拔 1400m 以下的地带少有分布，分布的最低海拔为 1250m，但极少，且方竹的长势和发笋率均较差。方竹多分布在山区，特别是雨雾较多、湿度相对较大、气候比较寒冷的地方。金佛山方竹对土壤的适应性较广，砂岩、页岩、紫色砂页岩及各类碳酸盐岩风化母质发育的酸性或中性土壤均可生长，但以土层深厚、疏松湿润、富含有机质的山地黄棕壤最好。浅薄多石、干燥贫瘠的白云岩发育的石骨土则生长不良，常呈灌丛，金佛山方竹通常与常绿落叶阔叶树混生，形成混交复层林。

（三）金佛山方竹的经济价值

金佛山方竹是目前寒竹属中保存面积较大、自然分布类型较丰富的竹种，同时是造纸、竹胶版竹器编织的好原料，竹笋质地晶莹、笋肉肥厚、味美鲜嫩，远销国内外，有“竹类之冠”的美誉。据《齐民要术》记载：“笋皆四月生，唯巴竹笋，八月生，尽九月。”南川区古属巴国，所记载的巴竹笋就是金佛山方竹笋，从商品化生产至今，金佛山方竹笋已经有 900 多年的历史。现代绿色食品科研部门检测结果表明，方竹笋中蛋白质含量为 12%，脂肪为 0.4%，粗纤维为 8%，还含有丰富的氨基酸、钙、铁、硒、锌等多种微量元素和维生素 B_1、B_2、C 等，食之有助于人体肠胃蠕动、促进消化，达到减肥、美容和防治肠胃及心脑血管疾病之特效。李睿等发现金佛山方竹笋的铁、锰、锌、铜和钾元素含量甚为丰富且明显高于大多数常见蔬菜。刘泳廷等测定的方竹笋干品含有一定量的总黄酮和多糖，证明其对预防、保健具有一定功效。同年，刘泳廷等人采用方竹笋提取液进行小鼠骨髓细胞微核试验、小鼠精子畸形试验及 Ames 试验，观察方竹笋对体内真核细胞、生殖细胞试验及体外原核试验的抗突变作用，证明方竹笋具有一定的抗突变作用。

金佛山方竹只生长在西南地区，且在实际生产过程中，由于立竹密度和年龄结构不合理以及竹—木结构比例失调等问题导致的金佛山方竹低产低质低效，伴有病虫害，导致竹笋产量较低。

二、金佛山方竹外生菌根真菌分离及培养的方法

大型真菌并不能直接繁殖，需进行菌种分离，对菌种进行纯化、驯化培养，进行培养料出菇管理，才能再次长出子实体，得到纯净的菌种才能再次应用到竹林。本试验采用组

织块分离法，使用PDA培养基对菌种进行分离，得到纯净菌种并对其进行基本条件研究后，在温度、pH、碳源、氮源和添加物几个方面对菌种的培养进行一定探索。

（一）金佛山方竹外生菌根真菌分离及培养的材料

菌种子实体分别于2016年7月14—16日在桐梓县狮溪镇金佛山方竹林地、2016年7月19日在江口县梵净山自然保护区箭竹与青冈混交林地、2016年9月1日在桐梓黄连镇金佛山林地采集获得，并保存于贵州大学生命科学学院植物生理实验室。

试剂及仪器PDA培养基：土豆200g，葡萄糖20g，琼脂粉20g，加蒸馏水定容至1000mL；Pachlewski培养基：0.5g/L酒石酸铵，20g/L葡萄糖，1.0g/L KH_2PO_4，0.5g/L $MgSO_4$，0.1mg/L VB1，20g/L琼脂，1ml/L微量元素混合液（每1000mL混合液含8.45g硼酸，5g硫酸锰，6g硫酸亚铁，0.63g$CuSO_4 \cdot 5H_2O$，2.27g硫酸锌，0.27g钼酸铵）；镊子、手术剪刀、解剖刀、平板，121℃灭菌25min备用。75%酒精，超净工作台。各类药品和器具均购于贵州赛兰博科技有限公司。

（二）试验方法

1. 菌种分离

采样前（或采样回来后立刻）将相关器具及PDA培养基进行灭菌，置于超净工作台备用，选择保存良好的菌种进行流水冲洗，洗净表面泥土和残渣，在超净工作台用75%酒精对菌种表面进行消毒，用无菌刀片对半划开菌种子实体表面，再用手轻轻撕开，露出菌盖与菌柄连接处的菌肉组织，再换无菌刀片切取子实体内部无菌组织，用无菌镊子接种于无菌PDA平板上，25℃，倒置培养，每天观察平板上组织的生长情况。

2. 菌种纯化

每天观察平板上的菌肉组织生长情况，及时判断是杂菌污染还是目的菌丝生长。最好的情况是组织与刀片、剪刀、镊子、培养基接触的部分无菌丝生长，而未接触其他器具的组织部分生长出菌丝，这样长出的菌丝，必然是目的菌种。组织与培养基接触部分，或与刀片接触部分长出菌丝，均需持怀疑态度，再接种到新的PDA培养基上，待菌丝生长旺盛后，刮取纯净菌丝进行DNA提取，与子实体DNA进行对比，确定分离的菌丝种属。脱离组织生长的菌，基本可以判断为杂菌，然后尽快处理被污染的平板，以保持培养箱环境。

3. 菌种培养

由于不同培养条件对菌种生长影响较大，试验采用单因素设计，分别对温度、pH、碳源、氮源进行研究，如表4-2所示。根据菌种的生长速度，分别选择固体和液体两种培养方式进行培养。经过前期筛选，PDA培养基和Pachlewski培养基均适合菌种生长，故筛选碳源和氮源时，应先选择 Pachlewski 培养基进行试验，再对液体培养的菌种进行装液量及转速进行单因素试验。

表 4-2 毛竹菌种培养

研究项内容	研究方法
温度对菌种生长情况的影响	试验选取生长良好的菌落，用 9mm 的打孔器进行打孔，取一个菌块接种于 PDA 培养基上（生长速度快的菌种接种于 PDA 固体平板上，生长速度缓慢的菌种接种于 50mL 锥形瓶液体 PDA 培养基），选取温度为 10℃、15℃、20℃、25℃和 30℃条件进行培养，每个温度处理 6 个。固体平板，每天进行十字交叉法测量菌落直径，连续 7d，记录其生长速度和生长情况。液体培养的菌种置于培养箱培养 14d 后，观察其生长状况，并用烘干恒重的滤纸进行菌丝过滤，烘干至恒重，称量其菌丝生物量
pH 对菌种生长情况的影响	调节 PDA 培养基的 pH 分别为 3、4、5、6、7、8，由于 pH 为 3 时，固体培养基难以凝固，故均采取液体培养方式，50mL 锥形瓶装液 20mL，每种菌接种 6 个锥形瓶，每个瓶接种一个菌饼，置于 25℃培养箱静置培养 14d 后进行过滤，称量其菌丝生物量
碳源对菌种生长情况的影响	以 Pachlewski 培养基中 20g/L 葡萄糖为准，分别加入同等碳元素的蔗糖、可溶性淀粉、壳聚糖、柠檬酸、纤维素配制相应培养基，进行 20mL/50mL 液体培养试验，每个锥形瓶接种一个菌饼，6 个重复，置于 25℃培养 14d 后，进行过滤，称量其菌丝生物量
氮源对菌种生长情况的影响	以 Pachlewski 培养基中 0.5g/L 酒石酸铵为准，分别加入同等氮元素的硝酸钾、蛋白胨、甘氨酸、水解乳蛋白、尿素、硝酸铵配制相应培养基，进行 20mL/50mL 液体培养试验，每个锥形瓶接种一个菌饼，6 个重复，置于 25℃培养 14d 后，进行过滤，称量其菌丝生物量
装液量对菌种生长情况的影响	取 50mL 锥形瓶，分别加入液体 Pachlewski 培养基 10mL、20mL、30mL、40mL、50mL，每个菌种接入一个菌饼，重复 4 次。25℃静置培养 14d 后，进行过滤，称量其菌丝生物量
转速对菌种生长情况的影响	将接种一个菌饼的 20mL/50mL 锥形瓶分别置于 50r/min、75r/min、100r/min、150r/min 摇床中进行培养，25℃培养 14d 后，进行过滤，称量其菌丝生物量
添加物对菌种生长情况的影响	对生长缓慢的菌种，分别向 PDA 固体培养基中添加 40mg/L 维生素 B_1，5mg/L 赤霉素，40mg/L 肌醇，倒平板，用直径 9mm 打孔器接种菌饼，定期观察菌丝生长情况，15d 后进行菌落形态记录，并测量直径。 筛选维生素 B1、赤霉素和肌醇（发现维生素 B_1 和肌醇对菌种生长有促进作用，而赤霉素效果不明显）后，再针对维生素 B_1 和肌醇分别设置浓度梯度 10mg/L、20mg/L、30mg/L、40mg/L、50mg/L、60mg/L、70mg/L、80mg/L 进行试验，每天测量菌落直径，并记录生长情况

试验数据采用 DPS 7.05 和 Excel 2007 对数据进行统计分析几丁质酶活力测定。

（1）标准曲线的绘制

铁氰化钾溶液的配制：精确称取 0.15g 铁氰化钾，溶解于 200mL 0.3mol · $L^{-1}Na_2CO_3$ 溶液，储存于棕色试剂瓶里备用。

标准试剂的配制：将 500μg/mL 的 N_2 乙酰氨基葡萄糖稀释至 100μg/mL。

减色反应：以 HAc_2Na Ac 缓冲液为溶剂对标准试剂做一系列的稀释，取各稀释液 1.5mL 和 2mL，上述铁氰化钾溶液于试管中混合均匀，用铝箔封闭试管口，沸水浴反应 15min，冷却，在 420nm 波长下测定光密度（D）值，以 HAc_2Na Ac 缓冲液调零，与 1.5mLHAc_2Na Ac 缓冲液加铁氰化钾溶液做对照，以吸光度的减少量为纵坐标，以 N_2 乙酰氨基葡萄糖的浓度为横坐标，得标准曲线。

（2）胶装几丁质的制备

取适量的鲜虾壳于 1mol/L HCl 中浸泡 12h，水洗至中性，再用 1mol/L NaOH 浸泡 12h，水洗至中性，循环 3 次，获得甲壳质。称取甲壳质 25g，加于 500mL 冷的 5mol/LH_2SO_4 中，使成浆状，静置 3 ~ 5h，进行酸水解，再用水将其稀释 12 倍，离心，收集底部沉淀物，反复水洗，使至 pH 为 5.0，配成 4%（W/V）的甲壳质混悬液，至 2 ~ 10℃保存。

（3）几丁质酶的粗提

配制液体 Pachlewski 培养基，于 20mL/50mL 锥形瓶中分别接种 T_2、T_{20}、T_{28}、有柄灵芝、四川灵芝、云芝，25℃静置培养 7d 后，取培养基和菌丝混合物，混合物于 15000g 离心 15min（4℃），得上清液。

（4）酶活力测定

取上清液 2mL 与 2mL 缓冲液及 1mL 胶装几丁质混合于试管中，37℃下保温 1h 后沸水浴去酶活（设置对照：上清液与缓冲液混合后即中止反应，测定上清液中的还原糖含量）。离心，取 2mL 上清液与 3mL 铁氰化钾混合，沸水浴 30min（设置对照：以缓冲液代替上清液与显色剂混合，所测 A 值为未发生反应的光密度值），于波长 420nm 测定光密度（A）。对照标准曲线，求出酶促反应产生还原糖量，进而折算出酶活力。

一个酶活力单（U）：37℃下，每小时水解胶状几丁质产生 1umol/L 还原糖所需的酶量。

硝酸还原酶活力测定溶液配制：

0.1mol/L pH=7.5 磷酸缓冲液（溶解 6.02g $Na_2HPO_4 \cdot 12H_2O$ 和 0.5g $NaH_2PO_4 \cdot 2H_2O$，蒸馏水定容至 1000mL）；0.2mol/L KNO_3（溶解 20.22g KNO_3 于 1000mL 蒸馏水中）；磺胺试剂（1g 磺胺溶解至 25mL 浓盐酸中，用蒸馏水稀释至 100mL）；α－萘胺（0.2g α－萘胺溶于含 1mL 浓盐酸的蒸馏水中，稀释至 100mL）；$NaNO_2$ 标准溶液（1g $NaNO_2$ 用蒸馏水溶解成 1000mL，然后吸取 5mL，再加蒸馏水稀释成 1000mL，此溶液含 $NaNO_2$ 5μg/mL，用时稀释）。

粗酶液：配制液体 Pachlewski 培养基，于 20ml/50mL 锥形瓶中分别接种 T_2、T_{20}、T_{28}、有柄灵芝、四川灵芝、云芝，25℃静置培养 7d 后，将培养混合物进行过滤，留上清液备用。

酶活反应操作方法按照参考书《植物生理学实验指导》执行。定义：1 个酶活力单位（U）是指在特定条件（25℃）下，在 1min 内能转化 1μmol 底物的酶量。

纤维素酶活力测定：纤维素酶是一种复合酶，包括外切 B-1，4-葡聚糖酶、内切 B-1，4-葡聚糖酶、纤维素二糖酶，一般用酶液与底物（滤纸或羟甲基纤维素钠）反应，将产生的还原糖进行DNS（3，5-二硝基水杨酸）显色反应，从而得到酶活力，此处的纤维素酶即为复合酶活力。

参考国家标准 QB 2583-2003，本试验以羟甲基纤维素钠为底物，测定菌种的纤维素酶活力。

溶液配制：DNS 溶液（称取 3，5- 二硝基水杨酸 10 ± 0.1g，置于 600mL 水中，逐渐加入 NaOH 10g，在 50℃水浴中搅拌溶解，再依次加入酒石酸钾钠 200g、苯酚 2g 和无水亚硝酸钠 5g，待全部溶解并澄清后，冷却至室温，水定容至 1000mL，过滤，储存于棕色试剂瓶中，暗处放置 7d 后使用）；0.05mol/L pH 为 4.8 柠檬酸缓冲液（称取一水柠檬酸 4.83g，溶于 750mL 水中，搅拌情况下，加入柠檬酸三钠 7.94g，用水定容至 1000mL，调节 pH 到 4.8，备用）；葡萄糖标准储备液（103 ± 2℃下烘干至恒重的葡萄糖 1g，精确至 0.1mg，用水定容至 100mL）；葡萄糖标准液（分别吸取葡萄糖储备液 0，1，1.5，2，2.5，3，3.5mL 于 10mL 容量瓶中，用水定容至 10mL，盖塞，摇匀备用）；羟甲基纤维素钠（25℃下，配制 2% 浓度水溶液）。

标准管同时置于沸水浴中，反应 10min，取出，迅速冷却至室温，用水定容至 25mL，盖塞，混匀，10mm 比色皿，540nm 处测量吸光度，以吸光度和葡萄糖浓度制作标准曲线。

酶活反应：取 25mL 刻度具塞试管四支，分别准确加入用相应 pH 缓冲液配制的羟甲基纤维素钠溶液 2mL，酶液 0.5mL（空白不加），混匀，盖塞，（50 ± 0.1）℃水浴，准确计时 30min；取出，添加 DNS 溶液 3mL，空白管添加酶液 0.5mL，摇匀，沸水浴，准确计时 10min；取出，迅速冷却至室温，用水定容至 25mL，于 540nm 处测吸光度，取平均值。

酶活计算：X1=A · 1/0.5 · n · 2（X1—酶活，U/g，U/mL；A—吸光度在标准曲线上查的还原糖量，mg；1/0.5—换算成酶液 1mL；n—稀释倍数；2—时间换算系数）。

漆酶活力测定初筛：PDA 培养基中加入 0.04% 愈创木酚，加入活化培养 7d 的菌片（直径 9mm），25℃恒温箱中培养，记录变色圈直径大小变化，每个菌 3 个重复。

复筛：在 50mL 的三角瓶中装液体 Pachlewski 培养基 20mL，接入活化培养 7d 的菌片 2 个（直径 9mm），25℃下，静置培养，3d 后测量漆酶活力。

在超净工作台中，每个待测样取 300μL，4℃低温离心机中 12000r/min 离心 5min，上清液即为粗酶液。酶活反应体系为 3mL：2.7mL 0.1mol/L 乙酸－乙酸钠缓冲液（pH 为 4.5），0.1mL 粗酶液和 0.2mL 的 0.5mmol/L ABTS[2，2–联氮－二（3–乙基－苯并噻唑 -6-磺酸）二铵盐]溶液。25℃反应 3min 后，迅速转入冰水中终止反应，用紫外分光光度计测定 420nm 处反应吸光值的变化。定义 1min 氧化 1μmol ABTS 所需的酶量为一个酶活力单位（U/L），每个菌 3 个重复，煮沸灭活粗酶液为对照。

三、金佛山方竹外生菌根真菌的分离及培养结果与分析

（一）菌种的分离与纯化

培养 7 ~ 15d 时，组织块上陆续有菌丝生长出来，经过纯化及后期鉴定，得知分离得到的菌种分别为：T_1（L_{110}），T_2（L_{23}），T_8（L_{99}），T_{20}（L_{84}），T_{28}（L_{117}），双孢蘑菇（L_{96}），四川灵芝（L_{25}），有柄灵芝（L_{37}），云芝（ZA_9）。共分离得到 8 个菌种，经过提取 DNA 序列研究可知 T_1 为红菇科乳菇属 Lactarius vividus，T_2 为口蘑科 Megacollybia platyphylla，T_{20} 和 T_{28} 为口蘑科 Megacollybia marginata，这 4 个菌种属于外生菌根真菌，其中又分离到一株蜡伞科外生菌根真菌，由于其菌丝生长较慢，难以扩繁，导致没有保留该菌菌种。虽然以上菌株采集地点相近，子实体形态特征相似，但是不同菌株分离得到的菌丝生长状态差别较大，需要单独进行研究。另外 4 种菌不属于外生菌根真菌，故在此不多做赘述。

由于 T_1 生长非常缓慢，本试验旨在寻找方法使 T_1 菌株增加活力。培养条件的筛选则优先对 T_2、T_{20} 和 T_{28} 进行筛选。一般情况下，都使用 PDA 培养基进行真菌筛选，但是 PDA 培养基成分不够明确，给氮源筛选增加难度。通过接种生长状况相同的菌饼到 PDA 和 Pachlewski 培养基上，用十字交叉法每天测量菌落直径，测定其生长速率。三株菌的生长速率并无规律可循，但在两种培养基上的生长速率是一致的。

T_1 在两种培养基上并没有明显的差异，而 T_{20} 和 T_{28} 前期在 PDA 培养基上生长快速，到了第五天，即产生非常明显的差异，在 Pachlewski 培养基上的生长速率明显高于 PDA 培养基，故后面试验可以选择 Pachlewski 培养基。

（二）温度对菌种生长的影响

试验发现不同温度条件下菌株生长情况有明显的不同。T_1 菌落生长速率情况是 25℃＞20℃＞15℃＞30℃，T20 菌落生长速率情况是 25℃＞20℃＞30℃＞15℃，T_{28} 菌落生长速率情况是 25℃＞20℃＞15℃＞30℃，T_2 菌落生长速率情况是 25℃＞30℃

> 20℃ > 15℃，说明 25℃条件最适合菌种的生长，T_2 菌株相对更能适应高温环境。

（三）pH 对菌种生长的影响

在本课题研究之初，测量金佛山方竹林土壤 pH 值发现，方竹林地土壤呈弱酸性，pH 为 4 ~ 5，甚至正安县金佛山方竹林地土壤 pH 呈 3 ~ 4，强酸性土壤是不利于竹子生长的。而在强酸性土壤条件下，金佛山方竹依然生长良好，推断此现象是由外生菌根真菌大量产酸引起的，且该类真菌能协助金佛山方竹在逆境中生长。试验发现 T_2 和 T_{20} 对 pH 不太敏感，在各 pH 梯度下均能生长，且差异不太大，但还是以 pH 为 5 生长最好。T_1 和 T_{28} 则非常明显在 pH 为 6 条件下生长最快，T_1 则在 30℃条件下十天内都没有生长。

（四）碳源对菌种生长的影响

碳源是真菌生长必不可少的成分，真菌生长所用的培养基一般都是 PDA 培养基，其中葡萄糖成分非常方便，但用于生产应用，还是略显昂贵。本试验旨在筛选出在不影响菌种生长的前提下，更加经济的碳源。以 Pachlewski 培养基中葡萄糖为标准，不加碳源为对照，分别添加同等碳元素的蔗糖、可溶性淀粉、壳聚糖、柠檬酸、纤维素，探究不同碳源条件下菌种的生长情况。试验发现，由于接种的菌饼附带少量固体培养基，故无碳源培养基上仍有少量菌丝生长。三个菌种在六种碳源上均能不同程度地生长，其中 T_2：葡萄糖≥可溶性淀粉 > 蔗糖 > 壳聚糖 > 柠檬酸≈纤维素≥无碳，T_2 能有效利用葡萄糖和可溶性淀粉，几乎不能利用柠檬酸和纤维素，但是 T_2 能少量利用壳聚糖，可能该菌能产生少量几丁质酶，协助金佛山方竹抵制相关病害。T_{20} 和 T_{28} 均由口蘑科 Megacollybia marginata 分离得到，同种但不同菌株，菌丝生长略有差别，却在碳源的利用上有着同样的规律：可溶性淀粉≥葡萄糖 > 蔗糖≈纤维素 > 壳聚糖≈柠檬酸≥无碳，相比 T_2 菌种，T_{20} 和 T_{28} 生长较缓慢，但还是能比较有效地利用可溶性淀粉和葡萄糖，若考虑应用于实际生产中扩大培养，则可以用可溶性淀粉代替葡萄糖。与 T_2 菌种类似，T_{20} 和 T_{28} 几乎不能利用柠檬酸，不同的是，T_{20} 和 T_{28} 能利用纤维素，说明这两株菌种有利用竹林里的腐叶及废弃竹竿的能力，在一定程度上可以改善竹林环境。

T_1 菌种生长非常缓慢，在固体培养基上生长一个月，菌落直径仅 1 cm左右，在液体培养基里面，几乎不能生长，难以筛选碳源和氮源。

（五）氮源对菌种生长的影响

与碳源一样，氮源也是真菌生长必不可少的一种成分，但是普遍使用的 PDA 培养基中的土豆成分并不明确，无法得知具体是什么氮源在起作用，同时 Pachlewski 培养基中的酒石酸铵比较少见，进行相关试验可探索更加明确、常用、经济的氮源。本试验在 Pachlewski 培养基基础上，以无氮源培养基为对照，同等酒石酸铵氮元素为基础，分别添加硝酸钾、尿素、水解乳蛋白、甘氨酸、蛋白胨、硝酸铵，探究不同氮源对菌种生长的影响。试验发现，同碳源的筛选一样，由于菌饼本身含有少量固体培养基，故三个菌种在无氮培养基上仍能进行一定生长。T_2：水解乳蛋白 > 硝酸钾 ≈ 蛋白胨 > 尿素 ≥ 酒石酸铵 > 甘氨酸 ≈ 硝酸铵 ≈ 无氮，T_2 对水解乳蛋白、硝酸钾、尿素、蛋白胨、酒石酸铵的利用效果差别不大，但从数据结果分析来看，T_2 对水解乳蛋白的利用效果最好，对甘氨酸和硝酸铵则几乎没有利用能力。T_{20} 和 T_{28} 在氮源的利用能力上也基本一致：水解乳蛋白 ≈ 蛋白胨 > 酒石酸铵 ≈ 硝酸钾 ≈ 尿素 ≥ 甘氨酸 > 硝酸铵 > 无氮，氮源对 T_{20} 和 T_{28} 的生长影响并不大，几种氮源条件下菌种的生物量与无氮源培养基中的生物量差别并不悬殊。

（六）装液量对 T_2 菌种生长的影响

T_2 菌株活力最强，可以考虑重点筛选培养，为接种到金佛山方竹林地提供菌种基础。菌种用于实际生产需要扩大培养，一般来说，扩大培养常用液体培养方式。本试验使用 50mL 锥形瓶分别装入培养基 10mL、20ml、30mL、40mL 和 50mL，结果表明：这些处理并没有产生显著性差异，装液量对 T_2 的生长影响并不大，只是装液量越多、培养基越多，营养成分相对越多，导致菌丝生物量相对也越多，但从经济角度考虑，20mL/50mL 最为合理。

（七）转速对 T2 菌种生长的影响

同装液量相似，不同的转速处理 T_2 并没有产生显著性差异，T_2 菌株属于好氧菌，菌丝向上往空气中生长，静置培养就足够了。若需扩大培养制作菌丝球，则可选择转速 100r/min，且应往培养基中添加玻璃珠防止菌丝结块。

（八）添加物对菌种生长情况的影响

本研究结果显示，添加维生素 B_1 和肌醇均能促进菌丝生长，作用效果差不多，但赤霉素不但不促进生长，反而略有抑制作用，可能是菌种的不同导致了作用效果不同。而维生素 B_1 和肌醇的浓度差别对几种菌的作用效果差别不太明显，在 30 ~ 70mg/L 条件下，促进效果都差不多。

菌种制作是大型真菌栽培的前提，纯度高、生命力强的菌种是菌剂取得丰产优质的先决条件，目前菌种分离培养普遍采用的方法是组织分离、孢子分离以及基内菌丝分离法等，刘月廉采用 3 种不同分离方法和 3 种不同培养基鉴定了洛巴伊口蘑野生子实体分离菌株。结果表明，不同的分离菌株与培养基组合，其菌丝生长势与长速差异显著，所以我们需依据分离的环境与材料的生理特性选择适合的分离方法，并将获得的优良菌种进行妥善保藏。根据本试验的条件与需求，采用组织分离法成功分离到 5 株外生菌根真菌和 4 株其他菌种。相比杨祥开成功地以广西恭城、兴安两地采到的红汁乳菇子实体进行组织分离，得到 23 个菌株及刘琼波以美味牛肝菌的子实体、菌根作为分离材料，以成功率达 60% 以上的方法分离获得美味牛肝菌的试管母种等结果来看，作者的菌种分离技术还有待提升。

某些外生菌根真菌（比方说，松乳菇）在自然条件下发生率比其他菌根真菌低，其产量更低，从菌根组织或子实体中分离菌根真菌困难重重，且很多菌根真菌在人工培养基上生长缓慢或无法生长，因此可食用菌根真菌的菌种分离鉴定、优化培养是目前该研究领域比较紧迫的任务，马红英以暗褐网柄牛肝为代表菌株，对培养条件进行初步研究，发现碳源较其他营养物质对菌株菌丝体生长的影响最大，对该菌株菌丝体影响最大的各种营养素为：葡萄糖、酵母粉、VB-1、磷酸二氢钾。其研究结果表明：组织分离培养法可作为食用菌分离培养的有效方法，改良 MMN 培养基可作为多数食用菌分离优选培养基。而王康康对分布范围非常窄的干巴菌（Thelephora ganbajun Zang）进行分离方法的优化，且不同地区（小哨乡和玉溪）的同一菌种，其最优培养基也有所不同，并对不同营养物质进行试验，得到最适培养条件为葡萄糖 10g，蛋白胨 4g，酵母提取物 2g，硫酸镁 1g，磷酸二氢钾 1g，PDA 培养基 1L，其最优 pH 均为 5.5。在本研究中保存的 4 种菌根真菌菌株中，又以 T_2 生长速率快、菌丝活力高，接种第二天即可生长，生长 7d 左右即可长满直径 90mm 的平板。T_2 对温度、pH 条件要求不高，对装液量和转速处理不敏感，极易培养。水解乳蛋白为 T_2 最适氮源，葡萄糖为最适碳源，相比 T_{20} 和 T_{28} 的最适碳源为可溶性淀粉略微消耗成本，三个菌种（特别是 T_2）对硝酸钾和硝酸铵的利用能力差别较大，符合外生菌根真菌对铵态氮的利用能力较低的结论。T_1 生长缓慢，对培养条件比较苛刻，仍需继续探索其生长条件。T_{20} 和 T_{28} 是同种不同株，各种指标皆能保持一致，却也存在某些差异，如 T_{20} 最适 pH 为 5，而 T_{28} 最适 pH 为 6，这两株菌生长速率适中，但是其菌丝不发达，且不适合液体培养，相对 T_2 在扩大培养方面存在一定困难。4 个菌种生长存在较大差异，可以锁定 T2 是接种到金佛山林地的最适菌种，为金佛山方竹菌根化研究提供了菌种支持。

第三节　小蓬竹内生真菌培养分离条件的优化

小蓬竹系竹亚科镰序竹属，其地下茎属合轴型，杆柄短缩，杆在地面密集丛生。小蓬竹是我国特产竹种，小蓬竹在《中国物种红色名录》和《IUCN 红色名录》中均被列为极危种。目前，小蓬竹主要分布在贵州省罗甸县、贞丰县、紫云苗族布依族自治县、长顺县、平塘县、望谟县、册亨县、安龙县及惠水县等喀斯特山地，且大多生长于海拔 300 ~ 1200m 的坡地上。植物内生真菌能促进植物对土壤养分和水分的吸收，提高植物生物量，维持植物生长和群体结构，对于被列为极危种的小蓬竹生长繁殖具有重大意义。

21世纪，有关植物内生真菌功能活性的研究主要集中在抗菌活性、抗肿瘤以及增强宿主抗逆性等方面，而随着其研究的发展，不断向植物病理学、植物微生态学、生物防治、植物保护、药物开发等领域扩展。植物内生真菌在宿主植物生态和生理作用及其作为潜在生防资源和外源基因载体，在农业、生态恢复、医药领域中的应用前景十分广阔。小蓬竹是喀斯特地区可用于固土保水、改变土壤理化性质的极濒危适生竹种，目前研究多是小蓬竹种群、群落及不同处理下的生理特征响应，关于小蓬竹内生真菌的分离方法尚未见报道。

适当的分离方法是获取菌种用于多样性研究的关键。在植物内生真菌分离过程中，必须设计合适的表面灭菌方法、表面灭菌效果检测方法和分离培养方法，保证植物内生真菌的分离效果。本研究通过对比不同表面消毒方法、效果检测方法，并优化培养分离条件，以期为小蓬竹内生真菌多样性的研究提供支撑。

一、小蓬竹内生真菌培养分离条件优化研究的材料与方法

（一）小蓬竹内生真菌培养分离条件优化研究的材料

1. 小蓬竹

采自贵州省罗甸县。

2. 培养基

（1）水琼脂双抗固体培养基。琼脂1.5%、定容1000mL，灭菌后加入庆大霉素150μg/mL和青霉素100μg/mL。

（2）双抗PDA培养基。马铃薯200g，琼脂16g，葡萄糖15g，定容至1000mL，pH自然，灭菌后加入庆大霉素150μg/mL和青霉素100μg/mL。

（3）孟加拉红培养基（马丁氏培养基）。成品，直接称量后用蒸馏水溶解。

（4）麦芽汁葡萄糖琼脂培养基（MGA）。麦芽膏20g，蛋白胨1g，葡萄糖20g，琼脂16g，蒸馏水1000mL。

（5）察氏培养基。硝酸钠3g，磷酸氢二钾1g，硫酸镁（$MgSO_4 \cdot 7H_2O$）0.5g，氯化钾0.5g，硫酸亚铁0.01g，蔗糖30g，琼脂15g，蒸馏水1000mL。

（二）小蓬竹内生真菌培养分离条件优化研究的方法

1. 样品采集

小蓬竹采样地位于贵州省罗甸县周边，地理位置为东经106°45′17″、北纬25°30′39″，试验地位于坡下位，分别设置5个样地（5m×5m），每个样地间隔30m。选取3点进行土壤因子调查，根据立竹径级与年龄分布规律，从中随机抽取生长良好、无病虫害的10株作

为标准竹丛，整丛挖出，筛选出色泽鲜艳、健康的植株，将植株分为根、茎、叶，茎分为上中下3部分，分别取样分装并编号，用装有冰袋的取样箱带回。

2. 试验预处理

取小蓬竹 1 年生和多年生（3 年以上）竹竿用保鲜袋带回实验室，用自来水彻底冲洗竹各部位表面土壤，用无菌滤纸吸干，用剪刀和无菌刀将根、茎分别剪成 10mm × 10mm ×（8 ~ 10mm）的方块，叶采用刀片横截面法截取成 10mm × 10mm × 2mm 的方块，转移到无菌操作台后，用 75% 酒精浸泡 1min，无菌水冲洗 3 次，然后用不同活性氯浓度的 NaClO 浸泡不同时间，75% 酒精浸泡 30s，无菌水漂洗 5 次，再用无菌滤纸吸干。

消毒后，无菌刀片削去组织块两端，切成 4mm × 4mm ×（2 ~ 3）mm 的组织块，然后分别接种于双抗 PDA 培养基，每个培养基平板接种 6 个组织块，每处理 5 个重复，根、茎、叶各 30 个组织块，转到真菌培养箱，28℃恒温培养。

3. 表面消毒试验

选用 NaClO 作为分离小蓬竹内生真菌的主要表面消毒剂，75% 乙醇作为辅助表面消毒剂。先用 75% 乙醇消毒 1min，用无菌水洗涤 3 次，分别用不同浓度 NaClO 溶液浸泡不同时间（处理 A ~ D：含有效氯 5% NaClO 溶液消毒 0.5min、1min、2min 和 3min；处理 E ~ H：含有效氯 2.5% NaClO 溶液消毒 1min、2min、3min 和 5min），再用 75% 乙醇消毒 0.5min，无菌水洗涤 5 次。对不同表面消毒的组织进行无菌检测，应根据定殖率确定最佳分离植物内生真菌的表面灭菌强度，根、茎、叶视组织幼嫩程度适当增减时间。

定殖率＝出现内生真菌的组织块数 / 总分离组织块数 × 100%

4. 分离培养基的选择

选择双抗 PDA 培养基、麦芽汁葡萄糖琼脂培养基（MGA）、孟加拉红培养基和察氏培养基分别作为小蓬竹根部内生真菌的分离培养基，观察和比较各培养基内生真菌的分离效果后，选择最佳培养基进行其他部位内生真菌的分离和纯化。将上述的根组织块，按小蓬竹根部表面消毒的最佳方式消毒后，分别接种到 4 种培养基中，每个培养基接种 6 块，每种培养基 10 次重复，置培养箱暗室 26℃培养，观察记录并计算小蓬竹内生真菌的分离情况。

5. 优化分离培养条件

在分离培养基的预试验中，由于培养基中均出现了快生真菌疯长的情况，培养 3 ~ 4d 就可以铺满整个平板，8d 左右所有平板全部被覆盖，导致慢生型内生真菌没有生长空间，无法分离。为了获得更多种类和数量的内生真菌，应该加强观察，除及时将长出的菌分离转移外，还应对分离培养条件进行优化。

（1）培养基营养物质浓度的优化。在双抗 PDA 培养基的基础上，将其分别稀释为 100%、50%、25%、10%浓度的培养基，以水琼脂双抗固体培养基作为对照，分别接种表面消毒后的根部组织块，每个培养基接种 6 块，每种培养基 5 次重复，置培养箱暗室 25℃培养，观察记录各浓度双抗 PDA 菌株种类数。

（2）培养基琼脂块的优化。菌团通过单丝离法处理，将平板中的圆形琼脂块，切割成 6 个长约为 20mm 的方形琼脂块，并均匀分布在平板中。

二、小蓬竹内生真菌培养分离条件优化研究的结果与分析

（一）不同消毒方法处理

小蓬竹不同部位的定殖率从表 4–3 可知，不同消毒方法处理小蓬竹根、茎和叶的定殖率。

1. 根

在含 2.5% 的 NaClO 溶液 5min、5%的 NaClO 溶液 3min 的条件下，都不长，表明处理 D 和 H 都可以使根的表面消毒彻底，但高浓度的长时间处理相比低浓度长时间处理，NaClO 溶液浓度虽较高但定殖率较低。可能是由于随着植物样品在消毒剂中浸泡时间越长，高浓度次氯酸钠浸入植物材料内部，杀死分布在表皮以下甚至分布更深的内生真菌，因此，内生真菌消毒的 NaClO 溶液浓度越高，内生真菌定殖率越低。故处理 H（2.5% NaClO 溶液浸泡 3min）为小蓬竹根部表面消毒的最佳方式。

表 4–3 不同消毒方法处理小蓬竹不同部位的定殖率

部位	处理	组织块数 / 块	菌落数 / 个	内生真菌萌动时间 / d	定殖率 /%
根	A	30	8	*	*
	B		3	*	*
	C		1	*	*
	D		0	2±1	66.7
	E		9	*	*
	F		4	*	*
	G		1	*	*
	H		0	3±1	83.3
茎	A		3	*	*
	B		1	*	*
	C		0	4±1	63.3
	D		0	5±1	50.0
	E		2	*	*
	F		0	2±1	70.0
	G		0	3±1	53.3
	H		0	6±1	26.7

续 表

部位	处理	组织块数 / 块	菌落数 / 个	内生真菌萌动时间 / d	定殖率 /%
叶	A		2	*	*
	B		1	3±1	30.0
	C		0	6±1	16.7
	D		0	6±1	13.3
	E		0	2±1	100.0
	F		0	3±1	100.0
	G		0	7±1	23.3
	H		0	>10	0.0

2. 茎处理

C、D、F、G、H 均可消毒彻底，处理 F（2.5% NaClO 溶液 3min）的内生真菌萌动时间较短，且内生真菌的定殖率最高，为 70.0%，是最佳表面消毒方式。处理 F、G 和 H，在相同 NaClO 浓度，随消毒时间延长内生真菌出菌时间延长、定殖率降低，表明长时间消毒会杀死组织内部的真菌。因此，应在彻底消毒的基础上尽量减少消毒时间，以获取更多内生真菌数量与种类。

3. 叶处理

E 和 F 均可消毒彻底，且定殖率均达 100%。但考虑到小蓬竹叶片组织纤薄幼嫩，为减少对内生真菌数量的影响，故选取处理 E（2.5%NaClO 溶液 1min）为叶的最佳表面消毒方式。处理 C、D 和 G，由于消毒时间过长，导致内生真菌萌动时间大大延长，定殖率极低；而处理 H 在培养周期 10d 内没有长出内生真菌，定殖率为 0，推测可能由于消毒时间过长，NaClO 溶液浸入组织内部，杀死了绝大多数甚至全部内生真菌。

（二）小蓬竹根部内生真菌在不同分离培养基上的菌落数及种类

不同分离培养基上的菌落数和种类存在一定差异。在双抗 PDA 培养基中分离得到的菌落数和种类最多，分别为 42 个和 7 种；孟加拉红培养基虽然分离得到的种类也是 7 种，但菌落数量是 4 种培养基中最少的，仅 31 种。MGA 培养基与察氏培养基分离得到的菌落数及种类都相对较少。因此，试验选用双抗 PDA 培养基为小蓬竹内生真菌的分离培养基。

（三）小蓬竹根部内生真菌的最佳分离培养条件

培养 14d 后，不同分离培养基上的真菌覆盖平板时间与可分离菌株种类存在较大差异。水琼脂双抗固体培养基，由于培养基中营养物质贫乏，可分离菌株种类数较少。快生型内生真菌的菌丝生长也极为缓慢，且大都完全贴着平板壁生长，气生菌丝稀疏如雾状，使得不同菌株之间菌落形态差异不明显，很难准确地辨认挑取不同菌株进行纯化；慢生型真菌受营养物质限制，短时间内难以出菌。10% 双抗 PDA 培养基，与水琼脂双抗固体培养基情况类似，稍有不同的是有个别培养基上存在快生型内生真菌，稀疏的菌丝铺满平板。双抗 PDA 培养基随着浓度由 100% 依次稀释为 50%、25%，快生型内生真菌覆盖平板的时间逐渐延长，而可分离菌株种类数却逐渐增加。表明适宜浓度的营养物质可以使内生真菌正常生长，快生型内生真菌的生长受到抑制，从而为慢生型真菌的生长留出相对的空间和资源，以致可以分离更多种类的内生真菌。综上所述，25%双抗 PDA 培养基、培养温度26℃为小蓬竹内生真菌的最佳分离培养基。

三、小蓬竹内生真菌培养分离条件优化研究的注意事项

植物组织表面消毒应最大限度地杀死附着在植物表面的任何微生物，但对植物组织中内生真菌的影响降至最小，还要尽量不损伤或少损伤样品材料。选用具有毒性小、易挥发、不易残留等特性的 NaClO 溶液作为主要消毒剂，75%的酒精作为辅助消毒剂，无菌水漂洗数次，此法是物理和化学相结合的应用最广泛的三步消毒法。试验表明，低浓度长时间处理所分离的内生真菌种类相对较少，而高浓度短时间处理分离的内生真菌种类相对较多，与陈静等的研究结果一致。小蓬竹叶表面消毒的最佳方式为 2.5% NaClO 溶液 1min；小蓬竹茎表面消毒的最佳方式为 2.5% NaClO 溶液 2min；小蓬竹根表面消毒的最佳方式为 5% NaClO 溶液 3min，消毒彻底，并且对内生真菌的分离影响最小。

在内生真菌分离过程中，分离培养条件对内生菌的数量和种类至关重要。如果分离培养条件不当，可能会使某些内生真菌生长缓慢甚至不生长，或多种内生真菌生长到一起，造成难以辨认，不易挑取和分离等。试验对双抗 PDA 培养基、MGA、孟加拉红培养基和察氏培养基进行比较后，筛选得到双抗 PDA 培养基为最佳，而后又通过培养基营养物质浓度及琼脂块切割解决快生型内生真菌将平板全部覆盖，导致慢生型内生真菌没有生长空间无法分离的问题。前者主要是通过适度降低培养液的浓度抑制快生型真菌，给慢生型菌株留下生长空间；后者主要是通过切割增大不同琼脂块的间隔以阻隔快生型真菌占据整个平板。试验表明，25%双抗 PDA 培养基、培养温度 26℃作为小蓬竹分离内生真菌的最佳条件，可最大限度地分离小蓬竹的内生真菌。试验仅对根部内生真菌的最佳分离条件进行研究，其茎叶内生真菌的最佳分离条件可参考根部进行。

菌株的分离是进行内生真菌多样性研究的基础。但是，关于内生真菌的分离仍存在许多问题需要解决，主要表现在以下方面。

（1）由于植物不同组织致密性与所富含营养物质的不同，以及单一培养基、pH、温度的影响，部分根、茎、叶中的部分内生真菌没有分离出来。研究对小蓬竹表面消毒、分离培养基的筛选与优化进行了较为系统的研究，但只用根组织为代表从 4 种培养基中筛选最佳培养基，适宜在其他培养基上生长的菌株可能被漏筛。故今后应同时采用多种培养基，改良培养基成分（如采用不同组织部位煎汁培养基），有效提高内生真菌的分离率。

（2）有研究表明，部分寄生性很强的内生真菌不能在人工培养基上生长，即使综合

使用多种培养基培养植物组织，也难以保证全部分离植物组织中的内生真菌。对于此类不可分离培养内生真菌的鉴定，可采用非分离培养方式，如提取总 DNA 法，鉴定组织内生真菌。

小蓬竹根、茎、叶在最佳表面消毒处理后的定殖率分别为 83.3%、70%、100%，在 25% 双抗 PDA 培养基、培养温度 26℃最佳分离条件下，根部内生真菌分离到菌株 10 ~ 12 种。

参考文献

[1] 杨冬平，胡加谊，陈兵 . 海南省 2 种山竹真菌病害的分离与鉴定 [J]. 中国热带农业，2020（5）：83–86，93.

[2] 杨蒙，张玉，丁雨龙，等 . 金佛山方竹开花特性及花器官发育特征 [J]. 东北林业大学学报，2022，50（1）：7–13，45.

[3] 杨金来，高贵宾，张甫生，等 . 5 种彩色笋壳的金佛山方竹笋品质分析与评价 [J]. 食品科学，2022，43（6）：303–308.

[4] 蒋明泽，于佳豪，陈远松，等 . 基于林木竞争指数诠释小蓬竹生境中的群落组成 [J]. 广东蚕业，2022，56（2）：28–32.

[5] 吴佳育，胡伟，杨智宇，等 . 菌根真菌与植物根部微生态系统中不同真菌相互作用研究进展 [J]. 河南农业科学，2022，51（2）：1–9.

[6] 代冬琴，韩莉苏，金星辰 . 云南竹生子囊菌的物种鉴定与多样性调查 [J]. 曲靖师范学院学报，2022，41（3）：16–28.

[7] 娄义龙，张庭嘉，张喜 . 金佛山方竹和毛金竹单个繁殖体的种群扩散效应 [J]. 世界竹藤通讯，2022，20（2）：43–49.

[8] 颜强，柳嘉佳，刘济明 . 小蓬竹内生真菌培养分离条件的优化 [J]. 贵州农业科学，2021，49（2）：72–77.

[9] 陈梦，陈敬忠，刘济明，等 . 小蓬竹根际土壤微生物及内生真菌多样性分析 [J]. 生态学报，2021，41（10）：4120–4130.

[10] 杨滢，楼玫娟，李子林，等 . 雷竹内生真菌分离及其功能性菌株筛选与鉴定 [J]. 生物灾害科学，2021，44（03）：271–277.

[11] 王晓静，李潞滨，王涛 . 竹类植物内生菌研究进展 [J]. 竹子学报，2020，39（4）：34–39.

[12] 刘诗诗 . 茶树内生真菌的分离及广谱抑菌菌株的筛选鉴定 [J]. 贵州农业科学，2019，47（12）：58–63.

[13] 张红芳，黄艳，李思齐，等 . 卷柏内生真菌多样性研究 [J]. 菌物学报，2019，38（11）：1886–1893.

[14] 郭顺星 . 药用植物内生真菌研究现状和发展趋势 [J]. 菌物学报，2018，37（1）：1–13.
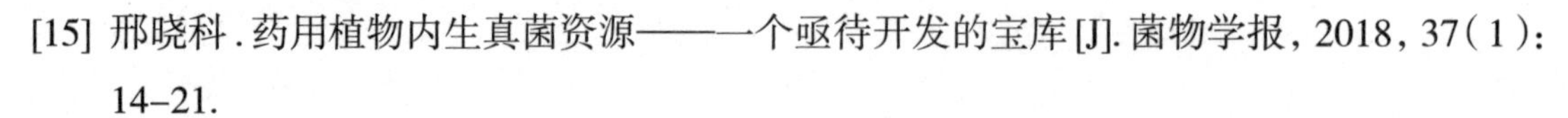
[15] 邢晓科 . 药用植物内生真菌资源——一个亟待开发的宝库 [J]. 菌物学报，2018，37（1）：14–21.
[16] 方珍娟，张晓霞，马立安 . 植物内生菌研究进展 [J]. 长江大学学报（自然科学版），2018，15（10）：41–45.
[17] 陈静，许贞，张雪，等 . 不同产地甘草内生真菌多样性及分离条件研究 [J]. 药学学报，2019，54（2）：373–379.
[18] 李勤，余彩霞，邓林 . 微生物培养基的设计优化探讨 [J]. 轻工科技，2020，36（4）：5–6.
[19] 袁志林，章初龙，林福呈 . 植物与内生真菌互作的生理与分子机制研究进展 [J]. 生态学报，2008（9）：4430–4439.
[20] 贺新生 . 菌物字典第 10 版菌物分类新体系简介 [J]. 中国食用菌，2009（28）：59–61.
[21] 周德群，凯文 · 海德，丽莲 · 维瑞蒙德 . 中国竹类真菌资源和多样性 [J]. 贵州科学，2000（18）：62–70.
[22] 王声跃 . 云南地理 [M]. 昆明：云南民族出版社，2010：10–50.
[23] 李若愚，侯明明，魏艳，等 . 云南省生物多样性与生态安全形势研究 [J]. 资源开发与市场，2007，23（5）：5.
[24] 薛纪如，杨宇明，辉朝茂 . 云南竹类资源及其开发利用 [M]. 昆明：云南科技出版社，1995：3–4.
[25] 辉朝茂，杨宇明 . 中国竹子培育和利用手册 [M]. 北京：中国林业出版社，2002：76–81.
[26] 李向敏，高健，岳永德 . 竹黄的系统学、生物学及活性成分的研究 [J]. 林业科学研究，2009（22）：279–284.
[27] 宋微，吴小芹，叶建仁 .6 种外生菌根真菌对 895 杨矿质营养吸收的影响 [J]. 南京林业大学学报（自然科学版），2011（2）：35–38.
[28] 范克胜，吴小芹，任嘉红，等 . 盐胁迫下外生菌根真菌与根际有益细菌互作对杨树光合特性的影响 [J]. 西北植物学报，2011（6）：1216–1222.
[29] 王琚钢，峥嵘，白淑兰，等 . 外生菌根对干旱胁迫的响应 [J]. 生态学杂志，2012（6）：1571–1576.
[30] 栾庆书，吴元华，白慧敏 . 外生菌根共生体对病原菌拮抗作用机制 [J]. 辽宁林业科技，2009（6）：42–44.
[31] 梁宇，郭良栋，马克平 . 菌根真菌在生态系统中的作用 [J]. 植物生态学报，2002（26）：739–745.
[32] 刘润进，陈应龙 . 菌根学 [M]. 北京：科学出版社，2007.

[33] 柴忠金，李晓红，罗明忠，等．马尾松芽苗移栽根菌根化育苗试验 [J]. 贵州林业科技，2001（4）：23–27.
[34] 廖正乾，龙凤芝，马尾松．湿地松菌根育苗和造林效果的研究 [J]. 湖南林业科技，2006（4）：22–23.
[35] 刘文科，冯固，李晓林．4 种菌根真菌对五氯酚耐受性及其生理基础研究 [J]. 农业环境科学学报，2004，23（4）：801–805.
[36] 杨应，蒋长洪，何跃军，等．丛枝菌根网对喀斯特适生植物氮、磷化学计量特征的影响 [J]. 植物生理学报，2017，53（12）：2078–2090.
[37] 杨娟，董醇波，张芝元，等．不同产地杜仲根际土真菌群落结构的差异性分析 [J]. 菌物学报，2019，38（3）：327–340.
[38] 何佳，刘笑洁，赵启美，等．植物内生真菌分离方法的研究 [J]. 食品科学，2009，30（15）：180–183.
[39] 吴昊．不同类型群落物种多样性指数的比较研究 [J]. 中南林业科技大学学报，2015（5）：84–89.
[40] 郑妙，张培安，张克坤，房经贵，等．葡萄伤流液中内生菌分离鉴定与抗病功能分析 [J]. 园艺学报，2018，45（11）：2106–2120.
[41] 郑欢，张芝元，韩燕峰，陈等．刺槐树洞悬土可培养真菌群落组成及其多样性分析 [J]. 菌物学报，2017，36（5）：625–632.
[42] 王艳，常帆，程虎印，等．重楼根际及药用部位内生真菌多样性与群落结构差异分析 [J]. 中草药，2019，50（5）：1232–1237.
[43] 吴昊，张明赢，王得祥．秦岭南坡油松 – 锐齿槲栎混交林群落不同层次多样性特征及环境解释 [J]. 西北植物学报，2013，33（10）：2086–2094.
[44] 康贻军，程洁，梅丽娟，等．植物根际促生菌作用机制研究进展 [J]. 应用生态学报，2010，21（1）：232–238.
[45] 刘雯雯，喻理飞，严令斌，等．喀斯特石漠化区植被恢复不同阶段土壤真菌群落组成分析 [J]. 生态环境学报，2019，28（4）：669–675.
[46] 陈香碧，苏以荣，何寻阳，覃文更，魏亚伟，梁月明，吴金水．不同干扰方式对喀斯特生态系统土壤细菌优势类群——变形菌群落的影响 [J]. 土壤学报，2012，49（2）：354–363.
[47] 曾迅，王晓，董子维，等．喀斯特地貌土壤中解钾细菌的分离和鉴定 [J]. 基因组学与应用生物学，2018，37（4）：1487–1494.

[48] 田皓元，程少军，周少奇 . 喀斯待地貌高海拔自然保护区土壤放线菌多样性研究 [J]. 科学技术与工程，2016，16（24）：15–18.

[49] 程少军，刘鸿雁，龙云川，周少奇 . 黔东北喀斯特土壤放线菌多样性研究 [J]. 贵州大学学报（自然科学版），2017，34（3）：35–40.

[50] 马旭闽，吴萍茹 . 植物内生真菌：一类生物活性物质的新的资源微生物 [J]. 海峡药学，2004，16（4）：11–12.

[51] 官珊，钟国华，孙之潭，等 . 植物内生真菌的研究进展 [J]. 仲恺农业工程学院学报，2005，18（1）：61–66.

[52] 李龚程，张仕颖，肖炜，等 . 水稻中内生菌研究进展 [J]. 中国农学通报，2015，31（12）：157–162.

[53] 黄敬瑜，张楚军，姚瑜龙，等 . 植物内生菌生物抗菌活性物质研究进展 [J]. 生物工程学报，2017，33（2）：178–186.

[54] 石晶盈，陈维信，刘爱媛 . 植物内生菌及其防治植物病害的研究进展 [J]. 生态学报，2006，26（7）：2395–2401.

[55] 曹理想，周世宁 . 植物内生放线菌研究 [J]. 微生物学通报，2004，31（4）：93–96.

[56] 鲍敏，康明浩 . 植物内生菌研究发展现状 [J]. 青海草业，2011，20（1）：21–25.

[57] 陈宜涛，王伟剑 . 植物内生菌的研究进展 [J]. 现代生物医学进展，2009，9（16）：3169–3172.

[58] 孙剑秋，郭良栋，臧威，等 . 药用植物内生真菌及活性物质多样性研究进展 [J]. 西北植物学报，2006，26（7）：1505–1519.

[59] 华永丽，欧阳少林，陈美兰，等 . 药用植物内生真菌研究进展 [J]. 世界科学技术 – 中药现代化，2008，10（4）：105–111.

[60] 陈华红，杨颖，姜怡，等 . 植物内生放线菌的分离方法 [J]. 微生物学通报，2006，33（4）：182–185.

[61] 涂璇，黄丽丽，高小宁，等 . 黄瓜内生放线菌的分离、筛选及其活性菌株鉴定 [J]. 植物病理学报，2008，38（3）：244–251.

[62] 张晓瑞 . 植物内生菌及其开发应用研究进展 [J]. 现代生物医学，2007，7（11）：1747–1750.

[63] 陈龙，梁子宁，朱华 . 植物内生菌植研究进展 [J]. 生物技术通报，2015，31（8）：30–34.

[64] 任春光，桑维钧，李小霞，等 . 赤水市撑绿竹真菌病害的种类调查与防治 [J]. 中国森林害虫，2008，1（27）：21–23.

[65] 贾小明，徐晓红，庄百川，等.药用竹黄菌的生物学研究进展 [J]. 微生物学通报，2006，3（33）：147–150.
[66] 黄丹虹，阎雪芬，黄耀坚，等.麻黄内生真菌的分离及其生物活性初步研究 [J]. 厦门大学学报（自然科学版），2008，2（47）：249–252.
[67] 张剑，董晔欣，张金林，等.一株具有高除草活性的真菌菌株 [J]. 菌物学报，2008，5（27）：645–651.
[68] 马师.合江方竹系统发育与栽培技术研究 [D]. 贵阳：贵州大学，2016.
[69] 杨春雪，李丽丽.丛枝菌根真菌鉴定方法的研究进展 [J]. 贵州农业科学，2014，42（7）：93–97.
[70] 王发园，林先贵，周建民.丛枝菌根真菌分类最新进展 [J]. 微生物学杂志，2005，25（3）：41–45.
[71] 蒋维听，江龙，薛高亮，等.AM 真菌对撑绿竹生长及相关生理因素的影响 [J]. 贵州农业科学，2009，37（8）：90–92.
[72] 叶文兰，骆礼华，江龙.金佛山方竹根围丛枝菌根真菌的初步研究 [J]. 山地农业生物学报，2017，36（2）：25–30.
[73] 任嘉红，张静飞，刘瑞祥，等.南方红豆杉丛枝菌根（AM）的研究 [J]. 西北植物学报，2008，28（7）：1468–1473.
[74] 叶文兰，骆礼华，严璐，等.金佛山方竹根际土壤中优势 AM 真菌的鉴定 [J]. 竹子学报，2017，36（2）：36–43.
[75] 袁腾.梵净山五种森林类型的土壤丛枝菌根真菌多样性 [D]. 贵阳：贵州大学，2019.
[76] 袁腾，陶光耀，江龙.梵净山 4 种林型的土壤丛枝菌根真菌多样性 [J]. 东北林业大学学报，2018，46（3）：83–86.
[77] 王幼珊，刘润进.球囊菌门丛枝菌根真菌最新分类系统菌种名录 [J]. 菌物学报，2017，36（7）：820–850.
[78] 王幼珊，张淑彬，殷晓芳，等.中国大陆地区丛枝菌根真菌菌种资源的分离鉴定与形态学特征 [J]. 微生物学通报，2016，43（10）：2154–2165.
[79] 王幼珊，张淑斌，张美庆.中国丛枝菌根真菌资源与种质资源 [M]. 北京：中国农业出版社，2012.
[80] 陶光耀，袁腾，江龙.梵净山从枝菌根真菌的初步鉴定 [J]. 山地农业生物学报，2017，36（5）：20–30.

[81] 骆礼华，姚刘斌，江龙. 双重培养体系中AM真菌孢子的种类鉴定[J]. 贵州大学学报（自然科学版），2017，34（5）：38–42.

[82] 史立君，唐超，李敏，等. 城市生态系统中AM真菌资源调查[J]. 青岛农业大学学报（自然科学版），2012，29（3）：164–169.

[83] 张美庆，王幼珊，王克宁，等. 我国东南沿海地区的VA菌根真菌Ⅲ：无梗囊霉属7个我国新记录种[J]. 菌物系统，1998，17（1）：15–18.

[84] 高秀兵. 海南橡胶树丛枝菌根真菌种类鉴定及其多样性研究[D]. 海南：海南大学，2010.

[85] 陈廷速，李松，张金莲，等. 丛枝菌根（AM）真菌对甘蔗根系侵染研究[J]. 西南农业学报，2011，24（5）：1757–1760.

[86] 葛立傲，王国娟，马焕成，等. 栌菊木共生丛枝菌根真菌的分离鉴定[J]. 贵州农业科学，2016，44（10）：66–69.

[87] 王幼珊，陈理，张淑彬，等. 新疆天然胡杨林和野生骆驼刺丛枝菌根真菌多样性研究初报[J]. 干旱区研究，2010，27（6）：927–932.

[88] 张海波，梁月明，冯书珍，等. 土壤类型和树种对根际土丛枝菌根真菌群落及其根系侵染率的影响[J]. 农业现代化研究，2016，37（1）：187–194.

[89] 向丹，徐天乐，李欢，等. 丛枝菌根真菌的生态分布及其影响因子研究进展[J]. 生态学报，2017，37（11）：3597–3606.

[90] 邢红爽，张瑞，郭绍霞. 高温胁迫下丛枝菌根真菌对百合耐热性的影响[J]. 青岛农业大学学报（自然科学版），2018，35（4）：258–264.

[91] 苏洋，刘璐冰，蔡欣哲，等. 紫背天葵丛枝菌根真菌多样性研究[J]. 林业与环境科学，2018，34（6）：8–14.

[92] 施晓峰，黄晶晶，史亚，等. 半夏丛枝菌根真菌多样性研究[J]. 陕西中医药大学学报，2017，40（3）：75–81.

[93] 汪茜，张金莲，龙艳艳，等. 广西柳江生姜根际土壤丛枝菌根真菌资源研究[J]. 西南农业学报，2016，29（1）：115–119.

[94] 邢丹，张爱民，李珍，等. 贵州茶树丛枝菌根真菌资源及其种属的形态特征[J]. 贵州农业科学，2015，43（10）：102–106.

[95] 王洪滨，郭绍霞，李敏，等. 山东东部地区果园AM真菌多样性的初步研究[J]. 青岛农业大学学报（自然科学版），2012，29（4）：235–240.

[96] 青云 . 灌木铁线莲 AMF 群落及 AM 提高其抗旱特性研究 [D]. 内蒙古：内蒙古师范大学，2017.
[97] 李朕 . 丛枝菌根真菌（AMF）提高青杨雌雄株抗旱性的研究 [D]. 咸阳西北农林科技大学，2017.
[98] 高丽霞，李森，莫爱琼，等 . 丛枝菌根真菌接种对兔眼蓝莓在华南地区生长的影响 [J]. 生态环境学报，2012，21（8）：1413–1417.
[99] 耿云芬，邱琼，卯吉华，等 . 铁力木幼苗接种丛枝菌根菌剂的效应 [J]. 林业科技开发，2015，29（5）：64–66.